Voyages de Gulliver

Même Collection

Les Contes de Perrault. 1 volume illustré par E. Courboin, Fraipont, Gerbault, Géo, Job, L. Morin, Robida, Vimar, Vogel, Zier.

L'Ami des Enfants, par BERQUIN. Choix de pièces. 1 volume illustré par H. Gerbault.

Les Fables de Florian. Illustrations de A. Vimar.

Don Quichotte de la Manche, de Michel CERVANTÈS. 1 volume illustré par Henry Morin.

Les Mille et une Nuits. Choix de contes. 1 volume illustré par A. Robaudi.

Les Fables de La Fontaine. Choix de fables. 1 volume illustré par Henry Morin.

Robinson Crusoé, par Daniel DE FOË. 1 volume illustré par G. Fraipont.

Chaque Volume, broché : 6 fr. — Relié : 9 fr.

ÉVREUX, IMPRIMERIE CH. HÉRISSEY ET FILS

SWIFT

Voyages de Gulliver

Illustrations de A. ROBIDA

ÉDITION POUR LA JEUNESSE

PRÉCÉDÉE D'UNE INTRODUCTION

PAR

M. L. TARSOT

Chef de Bureau au Ministère de l'Instruction publique.

PARIS

LIBRAIRIE RENOUARD

HENRI LAURENS, ÉDITEUR

6, rue de Tournon, 6

Préface

A mon petit Jacques.

Jonathan Swift, auteur de Gulliver, naquit à Dublin en 1667. Ce fut un étrange compagnon et sa vie n'est pas de celles qu'on pourrait proposer en exemple. Il se signala surtout, dans sa jeunesse, par un détestable caractère qui lui mérita l'aversion de ses maîtres et de ses camarades ; rossé par ceux-ci, puni par ceux-là, il devint misanthrope à l'âge où les adolescents ne connaissent encore que les beaux côtés de la vie. Jamais homme ne fut moins enclin à la charité, ce qui ne l'empêcha pas d'entrer dans les ordres et de devenir doyen de la riche église de Saint-Patrick, à Dublin. Sa vocation était assurément le moindre de ses titres.

Swift prit part à toutes les luttes politiques de son temps et Dieu sait si ces luttes furent nombreuses et acharnées ! Le roi Guillaume III le prit en amitié. Swift aimait à raconter que ce prince lui avait appris à cultiver les asperges à la mode hollandaise. C'était même le seul profit qu'il eût tiré, disait-il, de cette auguste protection. Il ne faudrait pas l'en croire sur parole.

Cependant la politique ne l'enrichit pas. Elle lui valut surtout d'innombrables ennemis qui ne l'ont épargné ni vivant ni mort. Auraient-ils pu justifier leurs invectives ? Sache seulement, mon petit Jacques, que Swift (et ceci ne prouve guère en sa faveur) que Swift, dis-je, passa sa vie à se jouer de l'affection de deux femmes, Esther Johnson et Esther Van Homrigh, qu'il fit mourir toutes les deux de chagrin. Leur idole ne méritait certes pas cet excès d'honneur.

Au surplus, sur la fin de ses jours, Swift était devenu un objet d'horreur pour ses amis les plus familiers. Abandonné, goutteux, presque sourd, il ne prit plus la peine de masquer son cynisme et sa misanthropie. Des attaques d'apoplexie réitérées le réduisirent presque à la vie animale. Ses yeux, couverts de tumeurs, le faisaient tellement souffrir qu'il tenta plusieurs fois de se les arracher. Il vécut cependant jusqu'à 78 ans. La mort ne le délivra qu'en 1745.

Etrange anomalie. Il est peu de noms plus connus, plus aimés des enfants que celui de ce vilain homme. Swift a beaucoup écrit, mais il n'a laissé qu'un ouvrage vraiment populaire. Cet ouvrage est une amère, une puissante satire contre les mœurs et le gouvernement de l'Angleterre. Les hommes mûrs ne le lisent plus guère, mais il fait encore, il fera toujours l'amusement des enfants auxquels Swift ne songea certes pas en l'écrivant. Le sombre pamphlétaire eut cette chance de cacher sa satire sous une fable d'invention géniale qui a sauvé de l'oubli ce livre où elle devait rester partie accessoire. Lilliput, Brobdignac, pays de fantaisie, créés et peuplés par l'imagination d'un écrivain aigri, vous êtes aussi réels, plus réels même pour les enfants charmés que si l'on pouvait vous désigner par votre longitude et votre latitude. Leur mémoire vous retient et vous garde. Votre découverte rend le nom de Swift presque aussi célèbre que celui de Colomb. Lilliput surtout exerce un extraordinaire attrait de séduction. Serais-tu heureux, mon petit Jacques, si tu pouvais posséder « pour de vrai » un de ces petits bonshommes de six pouces, bien vivants, dont tu ferais une incomparable poupée ! Et les moutons ! Et les chèvres ! Et les chevaux ! Je me demande toutefois si ton bonheur serait partagé par ces petites créatures et si tu serais pour elles le maître idéal ! A la façon dont tu traites leurs pâles équivalents de carton ou de bois, je me permets de concevoir quelques doutes. Mais à quoi bon insister sur tes aptitudes à la tyrannie, mon brave petit homme. Tu n'es ni meilleur ni pire que tes pareils, c'est bien avant toi que le poète a dit d'eux :

.....Cet âge est sans pitié !

Et maintenant lis Gulliver. C'est un livre de pur amusement, pour toi du moins. La morale qu'on en peut tirer dépasse ton âge. Je ne tiens pas à ce que tu la comprennes.

L. Tarsot.

Nous embarquâmes à Bristol.

Voyages de Gulliver

Voyage à Lilliput

I

L'Auteur rend un compte succinct des premiers motifs qui le portèrent à voyager. Il fait naufrage et se sauve à la nage dans le pays de « Lilliput ». On l'enchaîne, et on le conduit dans cet état plus avant dans les Terres.

Mon père, dont le bien situé dans la province de Nottingham était médiocre, avait cinq fils dont j'étais le troisième. Il me mit au collège à l'âge de quatorze ans. J'y demeurai trois années et fus ensuite envoyé en apprentissage à Londres chez un chirurgien, puis à Leyde où j'appris la médecine. Dès l'âge le plus tendre, j'avais formé le dessein de voyager sur mer et je prévoyais que la connaissance de l'art de guérir ne me serait pas inutile dans mes voyages.

Bientôt après mon retour de Leyde, j'obtins l'emploi de chirurgien sur l'*Hirondelle*, où je restai trois ans et demi sous le capitaine Abraham Panell : je fis, pendant ce temps-là, des voyages au Levant et ailleurs. A mon retour je résolus de m'établir à Londres. Je louai un appartement, et bientôt après j'épousai Mlle Marie Burton, seconde fille de M. Édouard Burton, marchand dans la rue de Newgate, laquelle m'apporta quatre cents livres sterlings en mariage.

Cependant mes affaires ne marchaient que médiocrement. C'est pourquoi, après avoir consulté ma femme et quelques autres de mes intimes amis, je pris la résolution de faire encore un voyage sur mer. Je fus chirurgien successivement dans deux vaisseaux; et plusieurs autres voyages que je fis, pendant six ans, aux Indes Orientales et Occidentales augmentèrent un peu ma petite fortune.

Le dernier de ces voyages n'ayant pas été heureux, je me trouvai dégoûté de la mer, et je pris le parti de rester chez moi, avec ma femme et mes enfants.

Après avoir attendu trois ans, et espéré en vain que mes affaires iraient mieux, j'acceptai un parti avantageux qui me fut proposé par le capitaine Guillaume Prichard, prêt à monter l'*Antilope*, et à partir pour la mer du Sud. Nous nous embarquâmes à Bristol, le 4 mai 1699, et notre voyage fut d'abord très heureux.

Il est inutile d'ennuyer le lecteur par le détail de nos aventures dans ces mers : c'est assez de lui faire savoir que, dans notre passage aux Indes Orientales, nous essuyâmes une tempête dont la violence nous poussa vers le nord-ouest de la terre de Van-Diemen. Douze de notre équipage étaient morts par le travail excessif et par la mauvaise nourriture. Le 5 novembre, qui était le commencement de l'été dans ces pays-là, le temps étant un peu noir, les marins aperçurent un rocher qui n'était éloigné du vaisseau que de la longueur d'un câble; mais le vent était si fort, que nous fûmes poussés directement contre l'écueil, et que nous échouâmes bientôt. Accompagné de cinq hommes de l'équipage, je me jetai dans la chaloupe, et nous trouvâmes le moyen de n'être pas écrasés par les débris du vaisseau ou contre le roc. Nous allâmes à la rame environ trois lieues; mais, à la fin, la lassitude ne nous permit plus de ramer. Entièrement épuisés, nous nous abandonnâmes au gré des flots et bientôt nous fûmes renversés par un coup de vent du nord.

Je ne sais quel fut le sort de mes camarades de la chaloupe, ni de ceux qui se sauvèrent sur le roc, ou qui restèrent dans le vaisseau; mais je crois

Je nageai à l'aventure.

qu'ils périrent tous : pour moi, je nageai à l'aventure, et fus poussé vers la terre par le vent et la marée : je laissai souvent tomber mes jambes, mais sans toucher le fond. Enfin étant prêt de m'abandonner, je trouvai pied dans l'eau. Comme la pente était presque insensible, je marchai une demi-lieue dans la mer avant que j'eusse pris terre. Je fis environ un quart de lieue, sans découvrir aucunes maisons, ni aucuns vestiges d'habitants, quoique ce pays fut très peuplé, comme je le sus depuis. La fatigue, la chaleur, et une demi-pinte d'eau-de-vie que j'avais bue en abandonnant le vaisseau; tout cela m'excita à dormir. Je me couchai sur l'herbe, qui était très fine, où je fus bientôt enseveli dans un profond sommeil qui dura neuf heures. Au bout de ce temps-là m'étant éveillé, j'essayai de me lever; mais ce fut en vain. Je m'étais couché sur le dos : je trouvai mes bras et mes jambes attachés à la terre, de l'un et de l'autre côté, et mes cheveux attachés de la même manière; je trouvai même plusieurs ligatures très minces qui entouraient mon corps depuis mes aisselles jusqu'à mes cuisses. Je ne pouvais que regarder en haut; le soleil commençait à être fort chaud, et sa grande clarté blessait mes yeux. J'entendis un bruit confus autour de moi; mais dans la posture où j'étais, je ne pouvais rien voir que le soleil. Bientôt je sentis remuer quelque chose sur ma jambe gauche, et cette chose avançant doucement sur ma poitrine, monter presque jusqu'à mon menton. Quel fut mon étonnement, lorsque j'aperçus une petite figure de créature humaine, haute tout au plus de six pouces, un arc et une flèche à la main avec un carquois sur le dos! J'en vis en même temps au moins quarante autres de la même espèce. Je me mis soudain à jeter des cris si horribles que tous ces petits animaux se retirèrent transis de peur; et il y en eut même quelques-uns, comme je l'ai appris ensuite, qui furent dangereusement blessés par les chutes précipitées qu'ils firent en sautant de dessus mon corps à terre. Néanmoins ils revinrent bientôt; et un d'eux qui eut la hardiesse de s'avancer si près, qu'il fut en état de voir entièrement mon visage, levant les mains et les yeux par une espèce d'admiration, s'écria d'une voix aigre, mais distincte : « Hekinah Degul. » Les autres répétèrent plusieurs fois les mêmes mots; mais alors je n'en compris pas le sens.

Je me sentis percé de plus de cent flèches.

J'étais pendant ce temps-là étonné, inquiet, troublé, et tel que serait le lecteur en pareille situation : enfin faisant des efforts pour me mettre en liberté, j'eus le bonheur de rompre les cordons ou fils, et d'arracher les chevilles qui attachaient mon bras droit à la terre; car, en le haussant un peu, j'avais découvert ce qui me tenait attaché et captif. En même temps, par une secousse violente qui me causa une douleur extrême je lâchai un peu les cordons qui attachaient mes cheveux du côté droit (cordons plus fins que mes cheveux mêmes), en sorte que je me trouvai en état de procurer à ma tête un petit mouvement libre. Alors ces insectes humains se mirent en fuite, et poussèrent des cris très aigus. Ce bruit cessant, j'entendis un d'eux s'écrier : « Tolgo Phonac », et aussitôt je me sentis percé à la main gauche de plus de cent flèches, qui me piquaient comme autant d'aiguilles. Ils firent ensuite une autre décharge en l'air, comme nous tirons des bombes en Europe, dont plusieurs, je crois, tombaient paraboliquement sur mon corps, quoique je ne les aperçusse pas, et d'autres sur mon visage que je tâchai de couvrir avec ma main droite. Quand cette grêle de flèches fut passée, je m'efforçai encore de me détacher; mais on fit alors une autre décharge plus grande que la première, et quelques-uns tâchaient de me percer de leurs lances; mais par bonheur je portais une veste impénétrable de peau de buffle. Je crus donc que le meilleur parti

Il me fit une harangue assez longue.

était de me tenir en repos, et de rester comme j'étais jusqu'à la nuit; qu'alors dégageant mon bras gauche, je pourrais me mettre tout à fait en liberté :

et à l'égard des habitants, c'était avec raison que je me croyais d'une force égale aux plus puissantes armées qu'ils pourraient mettre sur pied pour m'attaquer, s'ils étaient tous de la même taille que ceux que j'avais vus jusque-là. Toutefois la fortune me réservait un autre sort.

Plus de cent hommes se mirent en marche vers ma bouche.

Quand ces gens eurent remarqué que j'étais tranquille, ils cessèrent de me décocher des flèches; mais, par le bruit que j'entendis, je connus que leur nombre s'augmentait considérablement; et, environ à deux toises loin de moi, vis-à-vis de mon oreille gauche, j'entendis un bruit pendant plus d'une heure, comme de gens qui travaillaient. Enfin tournant un peu ma tête de ce côté-là, autant que les chevilles et les cordons me le permettaient, je vis un échafaud élevé de terre d'un pied et demi, où quatre de ces petits hommes pouvaient se placer, et une échelle pour y monter; d'où un d'entre eux, qui me semblait être une personne de condition, me fit une harangue assez longue, dont je ne compris pas un mot. Avant que de commencer, il s'écria trois fois : « Langro Dehul fan. » Ces mots furent répétés ensuite et expliqués par des signes pour me les faire entendre. Aussitôt cinquante hommes s'avancèrent, et coupèrent les cordons qui attachaient le côté gauche de ma tête, ce qui me donna la liberté de la tourner à droite, et d'observer la mine et l'action de celui qui devait parler. Il me parut être d'âge moyen, et d'une taille plus grande que les trois autres qui l'accompagnaient, dont l'un qui avait l'air d'un page, tenait la queue de sa robe, et les deux autres étaient debout de chaque côté pour le soutenir. Il me sembla bon orateur, et je conjecturai que selon toutes les règles de l'art, il mêlait dans son discours des périodes pleines de menaces et de promesses. Je fis la réponse en peu de mots, c'est-à-dire par un petit nombre de signes, mais d'une manière pleine de soumission, levant ma main gauche et les deux yeux au soleil, comme pour le prendre à témoin que je mourais de faim, n'ayant rien mangé depuis longtemps. Mon appétit était en effet si pressant que je ne pus m'empêcher de lui faire voir mon impatience en portant mon doigt très souvent à ma bouche, pour faire connaître que j'avais besoin de nourriture. L'Hurgo (c'est ainsi que parmi eux on appelle un grand seigneur, comme je l'ai ensuite appris) m'entendit fort bien. Il descendit de l'échafaud, et ordonna que plusieurs échelles fussent appliquées à mes côtés, sur lesquelles montèrent bientôt plus de cent hommes, qui se mirent en marche vers ma bouche, chargés de paniers pleins de viandes. J'observai qu'il y avait de la chair de différents animaux, mais je ne les pus distinguer par le goût. Il y avait des épaules et des éclanches en forme de celles de mouton, et fort bien accommodées, mais plus petites que les ailes d'une alouette; j'en avalais deux ou trois d'une bouchée avec six pains. Ils me

Je bus le tonneau d'un seul coup.

fournirent tout cela, témoignant de grandes marques d'étonnement et d'admiration, à cause de ma taille et de mon prodigieux appétit. Ayant fait un autre signe pour leur faire savoir qu'il me manquait à boire; ils conjecturèrent par la façon dont je mangeais, qu'une petite quantité de boisson ne me suffirait pas, et étant un peuple d'esprit, ils levèrent avec beaucoup d'adresse un des plus grands tonneaux de vin qu'ils eussent, le roulèrent vers ma main, et le défoncèrent. Je le bus d'un seul coup avec un grand plaisir : on m'apporta un autre muid, que je bus de même, et fis plusieurs signes pour avertir de me voiturer encore quelques autres muids.

Après m'avoir vu faire toutes ces merveilles, ils poussèrent des cris de joie, et se mirent à danser, répétant plusieurs fois, comme ils avaient fait d'abord : « Hekinah Degul. » Bientôt après j'entendis une acclamation universelle, avec de fréquentes répétitions de ces mots, « Peplom Selan » : et j'aperçus un grand nombre de peuple à mon côté gauche, relâchant les cordons à tel point que je me trouvai en état de me tourner. Quelque temps auparavant, on m'avait frotté charitablement le visage et les mains d'une espèce d'onguent d'une odeur agréable, qui dans très peu de temps me guérit de la piqûre des flèches. Ces circonstances, jointes aux rafraîchissements que j'avais reçus, me disposèrent à dormir, et mon sommeil fut environ de huit heures, sans me réveiller ; les médecins, par ordre de l'empereur, ayant frelaté le vin, et y ayant mêlé des drogues soporifiques.

Tandis que je dormais, l'empereur de Lilliput (c'était le nom de ce pays) ordonna de me faire conduire vers lui. Cette résolution semblera peut-être hardie et dangereuse, et je suis sûr qu'en pareil cas, elle ne serait du goût d'aucun souverain de l'Europe; cependant, à mon avis, c'était un dessein également prudent et généreux; car, en cas que ces peuples eussent tenté de me tuer avec leurs lances et leurs flèches, pendant que je dormais, je me serais certainement éveillé au premier sentiment de douleur; ce qui aurait excité ma fureur et augmenté mes forces à un tel degré que je me serais trouvé en état de rompre le reste des cordons; et après cela, comme ils n'étaient pas capables de me résister, je les aurais tous écrasés et foudroyés.

On fit donc travailler à la hâte cinq mille charpentiers et ingénieurs, pour construire une voiture. C'était un chariot élevé de trois pouces, ayant sept pieds de longueur et quatre de largeur, avec vingt-deux roues. Quand

Quinze cents chevaux furent attelés au chariot.

il fut achevé, on le conduisit au lieu où j'étais; mais la principale difficulté fut de m'élever et de me mettre sur cette voiture. Dans cette vue, quatre-vingts perches, chacune de deux pieds de hauteur, furent employées, et des cordes très fortes, de la grosseur d'une ficelle, furent attachées, par le moyen de plusieurs crochets, aux bandages que les ouvriers avaient ceints autour de mon cou, de mes mains, de mes jambes, et de tout mon corps. Neuf cents hommes des plus robustes furent employés à élever ces cordes par le moyen d'un grand nombre de poulies attachées aux perches; et, de cette façon, dans moins de trois heures de temps, je fus élevé, placé, et attaché dans la machine. Je sais tout cela par le rapport qu'on m'en a fait depuis; car pendant cette manœuvre, je dormais très profondément. Quinze cents chevaux, les plus grands de l'écurie de l'empereur, chacun d'environ quatre pouces et demi de haut, furent attelés au chariot, et me traînèrent vers la capitale, éloignée d'un quart de lieue.

Il y avait quatre heures que nous étions en chemin, lorsque je fus subi-

Il avait mis la pointe de son épée dans ma narine.

tement éveillé par un accident assez ridicule. Les voituriers s'étant arrêtés un peu de temps pour raccommoder quelque chose, deux ou trois habitants du pays avaient eu la curiosité de regarder ma mine, pendant que je dormais, et s'avançant très doucement jusqu'à mon visage, l'un d'entre eux, capitaine aux Gardes, avait mis la pointe aiguë de son épée bien avant dans ma narine gauche; ce qui me chatouilla le nez, m'éveilla et me fit éternuer trois fois. Nous fîmes une grande marche le reste de ce jour-là, et nous campâmes la nuit avec cinq cents gardes, une moitié avec des flambeaux, et l'autre avec des arcs et des flèches prêtes à tirer, si j'eusse essayé de me remuer. Le lendemain, au lever du soleil, nous continuâmes notre voyage, et nous arrivâmes, sur le midi, à cent toises des portes de la ville. L'empereur et toute la cour sortirent pour nous voir; mais les grands officiers ne voulurent jamais consentir que Sa Majesté hasardât sa personne en montant sur mon corps, comme plusieurs autres avaient osé le faire.

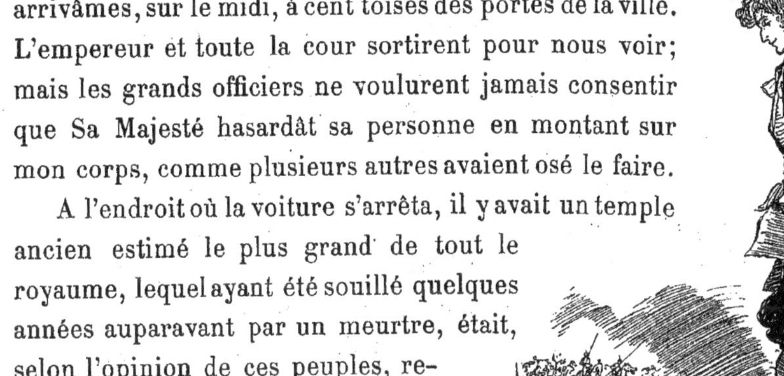

A l'endroit où la voiture s'arrêta, il y avait un temple ancien estimé le plus grand de tout le royaume, lequel ayant été souillé quelques années auparavant par un meurtre, était, selon l'opinion de ces peuples, regardé comme profané, et, pour cette raison, employé à divers usages. Il fut résolu que je serais logé dans ce vaste édifice. La grande porte regardant le nord était environ de quatre pieds de haut, et presque de deux pieds de large de chaque côté de la porte, il y avait une petite fenêtre

Gulliver enchaîné.

élevée de six pouces. A celle qui était du côté gauche, les serruriers du roi attachèrent quatre-vingt-onze chaînes, semblables à celles qui sont attachées à la montre d'une dame d'Europe, et presque aussi larges; elles furent par l'autre bout attachées à ma jambe gauche, avec trente-six cadenas. Vis-à-vis de ce temple, de l'autre côté du grand chemin, à la distance de vingt pieds, il y avait une tour au moins de cinq pieds de haut : c'était là que le roi devait monter avec plusieurs des principaux seigneurs de sa cour, pour avoir la commodité de me regarder à son aise. On compte qu'il y eut plus de cent mille habitants qui sortirent de la ville, attirés par la curiosité; et, malgré mes gardes, je crois qu'il n'y aurait pas eu moins de dix mille hommes, qui, à différentes fois, auraient monté sur mon corps par des échelles, si on n'eût publié un arrêt du Conseil d'État pour le défendre. On ne peut s'imaginer le bruit et l'étonnement du peuple, quand il me vit debout et me promener : les chaînes qui tenaient mon pied gauche, étaient environ de six pieds de long, et me donnaient la liberté d'aller et de venir dans un demi-cercle.

Les serruriers du Roi.

Son cheval étonné se cabra.

II

L'Empereur de « Lilliput », accompagné de plusieurs de ses courtisans, vient pour voir l'Auteur dans sa prison. Description de la personne et de l'habit de sa Majesté. Gens savants nommés pour apprendre la langue à l'Auteur. Il obtient des grâces par sa douceur. Ses poches sont visitées.

L'EMPEREUR a cheval s'avança un jour vers moi, ce qui faillit lui coûter cher. A ma vue, son cheval étonné se cabra; mais ce prince, qui est un cavalier excellent, se tint ferme sur ses étriers, jusqu'à ce que sa suite accourut et prit sa bride. Sa Majesté, après avoir mis pied à terre, me considéra de tous côtés avec une grande admiration, mais en se tenant toujours par précaution hors de la portée de ma chaîne.

L'impératrice, les princes et les princesses du sang, accompagnés de plusieurs dames, s'assirent à quelque distance dans des fauteuils. L'empereur est plus grand qu'aucun de sa cour, ce qui le fait redouter par ceux qui le regardent. Les traits de son visage sont grands et mâles, avec un nez aquilin; il a un teint olivâtre, un air élevé et des membres bien proportionnés, de la grâce et de la majesté dans toutes ses actions. Il avait alors passé la fleur de la jeunesse, étant âgé de vingt-neuf ans. Pour le regarder avec plus de commodité, je me tenais couché sur le côté, en sorte que mon visage pût être à la hauteur du sien; et il se tenait à une toise et demie loin de moi. Cependant depuis ce jour-là, je l'ai eu plusieurs fois dans ma main; c'est pourquoi je ne puis me tromper dans le portrait que j'en fais. Son habit était uni et simple, et fait moitié à l'asiatique, moitié à l'européenne; mais il avait sur la tête un léger casque d'or, orné de joyaux et d'un plumet magnifique. Il avait son épée nue à la main, pour se défendre, en cas que j'eusse brisé mes chaînes; cette épée était presque longue de trois pouces, la poignée et le fourreau étaient enrichis de diamants. Il avait une voix de tête, mais claire et distincte, et je la pouvais entendre aisément même, quand je me tenais debout. Les dames et les courtisans étaient tous habillés superbement, en sorte que la place qu'occupait toute la cour paraissait à mes yeux comme une belle jupe étendue sur la terre, et brodée de figures d'or et d'argent. Sa Majesté Impériale me fit l'honneur de me parler souvent, et je lui répondis toujours; mais nous ne nous entendions ni l'un ni l'autre.

L'Empereur, les Princes et les Princesses.

Au bout de deux heures, la cour se retira, et on laissa une forte garde, pour empêcher l'impertinence, et peut-être la malice de la populace, qui avait beaucoup d'impatience de se rendre en foule autour de moi, pour me voir de près. Quelques-uns d'entre eux eurent l'effronterie et la témérité de me tirer des flèches, dont une manqua me crever l'œil gauche : mais le colonel fit arrêter six des principaux de cette canaille, et ne jugea point de peine mieux proportionnée à leur faute, que de les livrer liés et garrottés dans mes mains. Je les pris dans ma main droite, et en mis cinq dans la poche de mon juste-au-corps; et, à l'égard du sixième, je feignis de le vouloir manger tout vivant. Le pauvre petit homme poussait des hurlements horribles et le colonel ainsi que les officiers étaient fort en peine, surtout quand ils me virent tirer mon canif. Mais je fis bientôt cesser leur frayeur : car, avec un air doux et humain, coupant promptement les cordes dont il était garrotté, je le mis doucement à terre et il prit la fuite. Je traitai les autres de la même façon, les tirant successivement l'un après l'autre de ma poche. Je remarquai avec plaisir que les soldats et le peuple avaient été très touchés de cette action d'humanité, qui fut rapportée à la cour d'une manière avantageuse, et qui me fit honneur.

La nouvelle de l'arrivée d'un homme prodigieusement grand s'étant répandue dans tout le royaume, attira un nombre infini de gens oisifs et curieux; en sorte que les villages furent presque abandonnés, et que la culture de la terre en aurait souffert, si Sa Majesté Impériale n'y avait pourvu par différents édits et ordonnances. Elle ordonna donc que tous ceux qui m'avaient déjà vu retourneraient incessamment chez eux, et n'approcheraient point, sans une permission particulière, du lieu de mon séjour.

Je feignis de le vouloir manger tout vivant.

Cependant l'empereur tint plusieurs conseils, pour délibérer sur le parti qu'il fallait prendre à mon égard; j'ai su depuis que la cour avait été fort embarrassée. On craignait que je ne vinsse à briser mes chaînes, et à me mettre en liberté. On disait que ma nourriture causant une dépense excessive, était capable de produire une disette de vivres. On émit l'opinion de me faire mourir de faim, ou de me percer de flèches empoisonnées; mais on fit réflexion que l'infection d'un corps tel que le mien, pourrait produire la peste dans la capitale, et dans tout le royaume. Pendant qu'on délibérait, plusieurs officiers de l'armée se rendirent à la porte de la grande chambre, où le Conseil Impérial était assemblé; et deux d'entre eux ayant été introduits, rendirent compte de ma conduite à l'égard des six criminels dont j'ai parlé, ce qui fit une impression si favorable sur l'esprit de Sa Majesté et de tout son conseil, qu'une commission impériale fut aussitôt expédiée, pour obliger tous les villages à quatre cent cinquante toises aux environs de la ville, de livrer tous les matins six bœufs, quarante moutons, et d'autres vivres pour ma nourriture, avec une quantité proportionnée de pain, de vin et d'autres boissons. Pour le payement de ces vivres, Sa Majesté donna des assignations sur son trésor. Ce prince n'a d'autres revenus que ceux de son domaine et ce n'est que dans des occasions importantes qu'il lève des impôts sur ses sujets, qui sont obligés de le suivre à la guerre à leurs dépens. On nomma six cents personnes pour me servir, qui furent pourvues d'appointements pour leur dépense de bouche et de tentes construites très commodément de chaque côté de ma porte. Il fut aussi ordonné que trois cents tailleurs me feraient un habit à la mode du pays; que six hommes de lettres, des plus savants de l'empire, seraient chargés de m'apprendre la langue; et enfin que les chevaux de l'empereur et ceux de la noblesse, et les compagnies des gardes feraient souvent l'exercice devant moi, pour les accoutumer à ma figure. Tous ces ordres furent ponctuellement exécutés. Je fis de grands progrès dans la connaissance de la langue de Lilliput; pendant ce temps-là, l'empereur m'honora de visites fréquentes, et même voulut bien aider mes maîtres de langue à m'instruire.

Les plus savants de l'Empire.

Les premiers mots que j'appris furent pour lui exprimer l'envie que j'avais qu'il voulût bien me rendre ma liberté, ce que je lui répétais tous les jours à genoux. Sa réponse fut qu'il fallait attendre encore un peu de temps, que c'était une affaire sur laquelle il ne pouvait se déterminer sans l'avis de son conseil; et que premièrement il fallait que je promisse, par serment, l'observation d'une paix inviolable avec lui et avec ses sujets; qu'en attendant je serais traité avec toute l'honnêteté possible. Il me conseilla de gagner par ma patience et par ma bonne conduite son estime et celle de ses peuples. Il m'avertit de ne lui savoir point mauvais gré, s'il donnait ordre à certains officiers de me visiter, parce que vraisemblablement je pourrais porter sur moi plusieurs armes dangereuses et préjudiciables à la sûreté de ses États. Je répondis que j'étais prêt à me dépouiller de mon habit, et à vider toutes mes poches en sa présence. Il me répartit que par les lois de l'Empire, il fallait que je fusse visité par deux commissaires; qu'il savait bien que cela ne pouvait se faire sans mon consentement; mais qu'il avait si bonne opinion de ma générosité et de ma droiture, qu'il confierait sans crainte leurs personnes entre mes mains : que tout ce qu'on m'ôterait, me serait rendu fidèlement quand je quitterais le pays, ou que je serais remboursé selon l'évaluation que j'en ferais moi-même.

Je les mis dans mes poches.

Lorsque les deux commissaires vinrent pour me fouiller, je pris ces messieurs dans mes mains. Je les mis d'abord dans les poches de mon juste-au-corps, et ensuite dans toutes mes autres poches.

Ces officiers du prince ayant des plumes, de l'encre et du papier sur eux, firent un inventaire très exact de tout ce qu'ils virent; et quand ils eurent achevé, ils me prièrent de les mettre à terre, afin qu'ils pussent rendre compte de leur visite à l'empereur.

Cet inventaire était conçu dans les termes suivants :

« En premier lieu, dans la poche droite du juste-au-corps du « grand Homme-Montagne » (c'est ainsi que je rends les mots « Quinbus Flestrin »), après une visite exacte, nous n'avons trouvé qu'un morceau de toile grossière assez grand pour servir de tapis de pied dans la principale chambre de parade de Votre Majesté. Dans la poche gauche, nous avons trouvé un grand coffre d'argent avec un couvercle de même métal, que nous, commissaires, n'avons pu lever. Nous avons prié ledit « Homme-Montagne » de l'ouvrir, et l'un de nous étant entré dedans, a eu de la poussière jusqu'aux genoux, dont il a éternué pendant deux heures, et l'autre pendant sept minutes. Dans la poche droite de sa veste, nous avons trouvé un paquet prodigieux de substances blanches et minces, pliées l'une sur l'autre, environ de la grosseur de trois hommes, attachées d'un câble bien fort, et marquées de grandes figures noires, lesquelles il nous a semblé être des écritures. Dans la poche gauche, il y avait une grande machine plate armée de grandes dents très longues, qui ressemblent aux palissades qui sont devant la cour de Votre Majesté. Dans la grande poche du côté droit de son couvre-milieu (c'est ainsi que je traduis le mot « ranfulo » par lequel l'on voulait entendre ma culotte) nous avons vu un grand pilier de fer, creux, attaché à une grosse pièce de bois, plus large que le pilier ; et d'un côté du pilier, il y avait d'autres pièces de fer en relief, serrant un caillou coupé en talus ; nous n'avons su ce que c'était ; et dans la poche gauche, il y avait encore une machine de la même espèce. Dans la plus petite poche du côté droit, il y avait plusieurs pièces rondes et plates de métal rouge et blanc et d'une grosseur différente ; quelques-unes des pièces blanches, qui nous ont paru être d'argent, étaient si larges et si pesantes, que mon confrère et moi avons eu de la peine à les lever. *Item*, deux sabres de poche dont la lame s'emboîtait dans une rainure du manche, et qui avaient le fil fort tranchant : ils étaient placés dans une grande boîte ou étui. Il restait deux poches à visiter ; celles-ci, il les appelait

Il a éternué pendant deux heures.

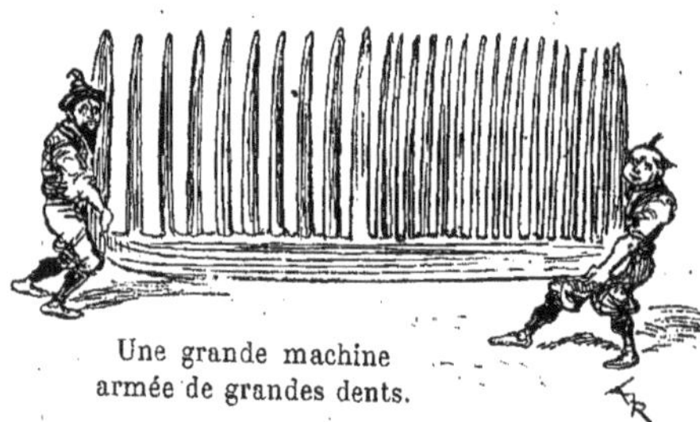
Une grande machine armée de grandes dents.

goussets. C'étaient deux ouvertures coupées dans le haut de son couvre-milieu, mais fort serrées par son ventre qui les pressait. Hors du gousset droit, pendait une grande chaîne d'argent, avec une machine très merveilleuse au bout. Nous lui avons commandé de tirer hors du gousset tout ce qui tenait à cette chaîne ; cela paraissait être un globe, dont la moitié était d'argent, et l'autre était d'un métal transparent. Sur le côté transparent, nous avons vu certaines figures étranges, tracées dans un cercle ; nous avons cru que nous pourrions les toucher, mais nos doigts ont été arrêtés par une substance lumineuse. Nous avons appliqué cette machine à nos oreilles : elle faisait un bruit continuel à peu près comme celui d'un moulin à eau, et nous avons conjecturé que c'est ou quelque animal inconnu, ou la Divinité qu'il adore ; mais nous penchons plus du côté de la dernière opinion, parce qu'il nous a assuré (si nous l'avons bien entendu, car il s'exprimait fort imparfaitement), qu'il faisait rarement aucune chose sans l'avoir consultée ; il l'appelait son oracle, et disait qu'elle désignait le temps pour chaque action de sa vie. Du gousset gauche, il tira un filet presque assez large pour servir à un pêcheur, mais qui s'ouvrait et se fermait ; nous avons trouvé au-dedans plusieurs pièces massives d'un métal jaune : si c'est du véritable or, il faut qu'elles soient d'une valeur inestimable.

Le pistolet.

« Ainsi ayant, par obéissance aux ordres de Votre Majesté, fouillé exactement toutes ses poches, nous avons observé une ceinture autour de son corps, faite de la peau de quelque animal prodigieux, à laquelle, du côté gauche, pendait une épée de la longueur de six hommes ; et du côté droit une bourse ou poche partagée en deux cellules ; chacune étant capable de contenir trois sujets de Votre Majesté. Dans une de ces cellules, il y avait plusieurs globes ou balles d'un métal très pesant, environ de la grosseur de notre tête, et qui exigeaient une main très forte pour les lever. L'autre cellule contenait un amas de certaines graines noires, mais peu grosses et assez légères, car nous en pouvions contenir plus de cinquante dans la paume de nos mains.

« Tel est l'inventaire exact de tout ce que nous avons trouvé sur le corps de l'Homme-Montagne, qui nous a reçus avec beaucoup d'honnêteté, et avec des égards conformes à la commission de Votre Majesté. Signé et scellé le quatrième jour de la Lune, quatre-vingt-neuvième du règne très heureux de Votre Majesté.

« FLESSEN FRELOCK, MARSI FRELOCK »

Quand cet inventaire eut été lu en présence de l'empereur, il m'ordonna en des termes honnêtes de lui livrer toutes ces choses en particulier. D'abord il demanda mon sabre ; il avait donné ordre à trois mille hommes de ses meilleures troupes qui l'accompagnaient, de l'environner à quelque distance avec leurs arcs et leurs flèches ; mais je ne m'en aperçus pas dans le moment, parce que mes yeux étaient fixés sur sa Majesté. Il me pria donc de tirer

Ils tombèrent tous à la renverse.

mon sabre, qui, quoique un peu rouillé par l'eau de la mer, était néanmoins assez brillant. Je le fis, et tout aussitôt les troupes jetèrent de grands cris; il m'ordonna de le remettre dans le fourreau et de le jeter à terre aussi

Les troupes jetèrent de grands cris.

doucement que je pourrais, environ à six pieds de distance de ma chaîne. La seconde chose qu'il me demanda fut un de ces piliers creux de fer, par lesquels il entendait mes pistolets de poche; je les lui présentai, et par son ordre je lui en expliquai l'usage comme je pus; et ne les chargeant que de poudre, j'avertis l'empereur de n'être point effrayé, et puis je les tirai en l'air. L'étonnement à cette occasion fut plus grand qu'à la vue de mon sabre; ils tombèrent tous à la renverse, comme s'ils eussent été frappés du tonnerre, et même l'empereur, qui était très brave, ne put revenir à lui-même qu'après quelque temps. Je lui remis mes deux pistolets de la même manière que mon sabre, avec mes sacs de plomb et de poudre, l'avertissant de ne pas approcher le sac de poudre du feu, s'il ne voulait pas voir son palais impérial sauter en l'air : ce qui le surprit beaucoup. Je lui remis aussi ma montre, qu'il fut fort curieux de voir ; et il commanda à deux de ses gardes les plus grands de la porter sur leurs épaules, suspendue à un grand bâton, comme les charretiers des brasseurs portent un baril de bière en Angleterre. Il était étonné du bruit continuel qu'elle faisait, et du mouvement de l'aiguille qui marquait les minutes ; il pouvait aisément le suivre des yeux, la vue de ces peuples étant bien plus perçante que la nôtre. Il demanda sur ce sujet le sentiment de ses docteurs, qui furent très partagés, comme le lecteur peut bien s'imaginer.

Ensuite je livrai mes pièces d'argent et de cuivre, ma bourse avec neuf grosses pièces d'or, et quelques petites, mon peigne, ma tabatière d'argent, mon mouchoir et mon journal. Mon sabre, mes pistolets de poche, et mes sacs de poudre et de plomb furent transportés à l'arsenal de Sa Majesté ; mais tout le reste fut laissé chez moi.

J'avais une poche en particulier, qui ne fut point visitée, dans laquelle il y avait une paire de lunettes, dont je me sers quelquefois à cause de la faiblesse de mes yeux, un télescope avec plusieurs autres bagatelles, que je crus de nulle conséquence pour l'empereur, et que pour cette raison je ne découvris point aux commissaires, appréhendant qu'elles ne fussent gâtées ou perdues, si je venais à m'en dessaisir.

Je remis aussi ma montre.

Les personnes qui aspirent aux grands emplois.

III

L'Auteur divertit L'Empereur et les Grands de l'un et l'autre sexe d'une manière fort extraordinaire. Description des divertissements de la Cour de Lilliput. L'Auteur est mis en liberté à certaines conditions.

L'EMPEREUR voulut un jour me donner le divertissement de quelque spectacle, en quoi ces peuples surpassent toutes les nations que j'ai vues soit pour l'adresse, soit pour la magnificence; mais rien ne me divertit davantage, que lorsque je vis des danseurs de corde voltiger sur un fil blanc bien mince, long de deux pieds onze pouces.

Ceux qui pratiquent cet exercice sont les personnes qui aspirent aux grands emplois, et souhaitent de devenir les favoris de la cour; ils sont pour cela formés dès leur jeunesse à ce noble exercice, qui convient surtout aux personnes de haute naissance. Quand une grande charge est vacante, soit par la mort de celui qui en était revêtu, soit par sa disgrâce (ce qui arrive très souvent) cinq ou six prétendants à la charge présentent une requête à l'empereur, pour avoir la permission de divertir Sa Majesté et sa cour d'une danse sur la corde; et celui qui saute le plus haut sans tomber, obtient la charge. Il arrive très souvent qu'on ordonne aux grands magistrats et aux principaux ministres de danser aussi sur la corde pour montrer leur habileté, et pour faire connaître à l'empereur qu'ils n'ont pas perdu leur talent. Flimnap, grand trésorier de l'Empire, passe pour avoir l'adresse de faire une cabriole sur la corde, au moins un pouce plus haut qu'aucun autre seigneur de l'Empire. Je l'ai vu plusieurs fois faire le saut périlleux sur une petite planche de bois attachée à la corde, qui n'est pas plus grosse qu'une ficelle ordinaire.

Ces divertissements causent souvent des accidents funestes, dont la plupart sont enregistrés dans les archives impériales. J'ai vu moi-même deux ou trois prétendants s'estropier ; mais le péril est beaucoup plus grand quand les ministres eux-mêmes reçoivent ordre de signaler leur adresse ; car, en faisant des efforts extraordinaires pour se surpasser eux-mêmes et pour l'emporter sur les autres, ils font presque toujours des chutes dangereuses. On m'assura qu'un an avant mon arrivée, Flimnap se serait infailliblement cassé la tête en tombant, si un des coussins du roi ne l'eût préservé.

Il y a un autre divertissement qui n'est que pour l'empereur, l'impératrice et pour le premier ministre. L'empereur met sur une table trois fils de soie fort déliés, longs de six pouces ; l'un est cramoisi, le second jaune, et le troisième blanc. Ces fils sont proposés comme des prix, à ceux que l'empereur veut distinguer par une marque singulière de sa faveur. La cérémonie est faite dans la grande chambre d'audience de Sa Majesté, où les concurrents sont obligés de donner une preuve de leur habileté, telle que je n'ai rien vu de semblable dans aucun autre pays de l'ancien ou du nouveau monde.

L'empereur tient un bâton, les deux bouts parallèles à l'horizon, tandis que les concurrents s'avançant successivement, sautent par-dessus le bâton. Quelquefois l'empereur tient un bout, et son premier ministre tient l'autre ; quelquefois l'empereur le tient tout seul. Celui qui réussit le mieux et montre le plus d'agilité et de souplesse en sautant est récompensé de la soie cramoisie. La jaune est donnée au second, et la blanche au troisième. Ces fils, dont ils font des baudriers, leur servent dans la suite d'ornement, et les distinguant du vulgaire, leur inspirent une noble fierté.

L'empereur ayant un jour donné ordre à une partie de son armée, logée dans sa capitale et aux environs, de se tenir prête, voulut se réjouir d'une façon très singulière. Il m'ordonna de me tenir debout comme un colosse, mes deux pieds aussi éloignés l'un de l'autre que je les pourrais étendre commodément. Ensuite il commanda à son général, vieux capitaine fort expérimenté, de ranger les troupes en ordre de bataille, et de les faire passer en revue entre mes deux jambes, l'infanterie par vingt-quatre de front, et la cavalerie par seize, tambours battants, enseignes déployées et piques hautes. Ce corps était composé de trois mille hommes d'infanterie, et de mille de cavalerie. Sa Majesté prescrivit, sous peine de mort, à tous les soldats, d'observer dans la marche la bienséance la plus exacte à l'égard de ma personne : ce qui néanmoins n'empêcha pas quelques-uns des jeunes officiers de lever en haut leurs yeux en passant au-dessous de moi. Et pour confesser la vérité, ma culotte était alors dans un si mauvais état, qu'elle leur donna occasion d'éclater de rire.

L'Empereur tient un bâton.

J'avais présenté ou envoyé tant de mémoires et de requêtes pour ma liberté, que Sa Majesté à la fin proposa l'affaire, premièrement au Conseil des dépêches, et puis au Conseil d'État, où il n'y eut d'opposition que de la part du ministre Skyresh Bolgolam, qui jugea à propos, sans aucun sujet, de se déclarer contre moi. Mais tout le reste du Conseil me fut favorable, et l'empereur appuya leur avis. Ce ministre, qui était Galbet, c'est-à-dire grand amiral, avait mérité la confiance de son maître par son habileté dans les affaires, mais il était d'un esprit aigre et fantasque. Il obtint que les articles, touchant les conditions auxquelles je devais être mis en liberté, seraient dressés par lui-même. Ces articles me furent apportés par Skyresh Bolgolam en personne, accompagné de deux sous-secrétaires et de plusieurs gens de distinction. On me dit d'en promettre l'observation par serment, prêté d'abord à la façon de mon pays, et ensuite à la manière ordonnée par leurs lois, qui fut de tenir l'orteil de mon pied droit dans ma main gauche, de mettre le doigt du milieu de ma main droite sur le haut de ma tête, et le pouce sur la pointe de mon oreille droite. Mais comme le lecteur peut être curieux de connaître le style de cette cour, et de savoir les articles

Revue de l'armée de Lilliput.

préliminaires de ma délivrance, j'ai fait une traduction de l'acte entier, mot pour mot.

Golbasto Momaren Eulamé Gurdilo Shefin Mully Ully Gué, très puissant empereur de Lilliput, les délices et la terreur de l'univers, dont les États s'étendent cinq mille blustrugs (c'est-à-dire environ six lieues en circuit) aux extrémités du globe ; souverain de tous les souverains, plus haut que les fils des hommes, dont les pieds pressent la terre jusqu'au centre, dont la tête touche le soleil, dont un clin d'œil fait trembler les genoux des potentats ; aimable comme le Printemps, agréable comme l'été, abondant comme l'automne, terrible comme l'hiver : à tous nos sujets aimés et féaux, salut. Sa très haute Majesté propose à l'Homme-Montagne les articles suivants, lesquels, pour préliminaire, il sera obligé de ratifier par un serment solennel.

Le serment.

I. L'Homme-Montagne ne sortira point de nos vastes États, sans notre permission scellée du grand sceau.

II. Il ne prendra point la liberté d'entrer dans notre capitale, sans notre ordre exprès, afin que les habitants soient avertis deux heures auparavant de se tenir renfermés chez eux.

III. Ledit Homme-Montagne bornera ses promenades à nos principaux grands chemins, et se gardera de se promener ou de se coucher dans un pré ou pièce de blé.

IV. En se promenant par lesdits chemins, il prendra tout le soin possible de ne fouler aux pieds les corps d'aucuns de nos fidèles sujets, ni de leurs chevaux ou voitures ; et il ne prendra aucuns de nos dits sujets dans ses mains si ce n'est de leur consentement.

V. S'il est nécessaire qu'un courrier du cabinet fasse quelque course extraordinaire, l'Homme-Montagne sera obligé de porter dans sa poche ledit courrier durant six journées, une fois toutes les lunes, et de remettre ledit courrier (s'il en est requis), sain et sauf en notre présence impériale.

VI. Il sera notre allié contre nos ennemis de l'île de Blefuscu, et fera tout son possible pour faire périr la flotte qu'ils arment actuellement pour faire une descente sur nos terres.

L'Homme-Montagne en promenade.

VII. Ledit Homme-Montagne, à ses heures de loisir, prêtera son secours à nos ouvriers, en les aidant à élever certaines grosses pierres, pour achever les murailles de notre grand parc et de nos bâtiments impériaux.

VIII. Après avoir fait le serment solennel d'observer les articles ci-dessus énoncés, ledit Homme-Montagne aura une provision journalière de viande et de boisson suffisante à la nourriture de dix-huit cent soixante-quatorze de nos sujets, avec un accès libre auprès de notre personne impériale, et autres marques de notre faveur. Donné en notre palais à Belsaborac, le douzième jour de la quatre-vingt-onzième lune de notre règne.

Je prêtai serment, et signai tous ces articles avec une grande joie, quoique quelques-uns ne fussent pas aussi honorables que je l'eusse souhaité : ce qui fut l'effet de la malice du grand amiral Skyresh Bolgolam. On m'ôta mes chaînes et je fus mis en liberté. L'empereur me fit l'honneur de se rendre en personne et d'être présent à la cérémonie de ma délivrance. Je rendis de très humbles actions de grâce à Sa Majesté, en me prosternant à ses pieds, mais il me commanda de me lever, et cela dans les termes les plus obligeants.

Le lecteur a pu observer que dans le dernier article de l'acte de ma délivrance, l'empereur était convenu de me donner une quantité de viande et de boisson qui pût suffire à la subsistance de dix-huit cent soixante-quatorze Lilliputiens ; quelque temps après, demandant à un courtisan, mon ami particulier, pourquoi on s'était déterminé à cette quantité, il me répondit que les mathématiciens de Sa Majesté, ayant pris la hauteur de mon corps par le moyen d'un quart de ce cercle, et supputé sa grosseur, et le trouvant par rapport au leur, comme 1874 est à un, ils avaient inféré de la similitude de leur corps, que je devais avoir un appétit 1874 fois plus grand que le leur : d'où le lecteur peut juger de l'esprit admirable de ce peuple, et de l'économie sage, exacte et clairvoyante de leur empereur.

Les mathématiciens ayant pris la hauteur de mon corps.

Je passai par dessus la porte occidentale.

IV

Description de « Mildendo », capitale de « Lilliput » et palais de l'Empereur. Conversation entre l'Auteur et un secrétaire d'État, touchant les affaires de l'Empire. Les offres que l'Auteur fait de servir l'Empereur dans ses guerres.

La première requête que je présentai, après avoir obtenu ma liberté, fut pour avoir la permission de voir Mildendo, capitale de l'Empire, ce que l'empereur m'accorda, mais en me recommandant de ne faire aucun mal aux habitants, ni aucun tort à leurs maisons. Le peuple en fut averti par une proclamation, qui annonçait le dessein que j'avais de visiter la ville. La muraille qui l'environnait était haute de deux pieds et demi et épaisse au moins de onze pouces, en sorte qu'un carrosse pouvait aller dessus et faire le tour de la ville en sûreté ; elle était flanquée de fortes tours à dix pieds de distance l'une de l'autre. Je passai par-dessus la porte occidentale, et je marchai très lentement et de côté par les deux principales rues, n'ayant qu'un pourpoint, de peur d'endommager les toits et les gouttières des maisons par les pans de mon juste-au-corps. J'allais avec une extrême circonspection, pour me garder de fouler aux pieds quelques gens qui étaient restés dans les rues, nonobstant les ordres précis signifiés à tout le monde de se tenir chez soi, sans sortir aucunement durant ma marche. Les balcons, les fenêtres des premier, deuxième, troisième et quatrième étages, celles des greniers ou galetas, et les gouttières même étaient remplis d'une si grande foule de spectateurs, que je jugeai que la ville devait être considérablement peuplée. Cette ville forme un carré exact, chaque côté de la muraille ayant cinq cents pieds de long. Les deux grandes rues qui se croisent et la partagent en quatre quartiers égaux, ont cinq pieds de large ; les petites rues, dans lesquelles je ne pus entrer, ont de largeur depuis douze jusqu'à dix-huit pouces. La ville est capable de contenir cinq cent mille âmes. Les maisons sont de trois ou de quatre étages. Les boutiques et les marchés sont bien fournis. Il y avait autrefois bon opéra et bonne comédie, mais faute d'auteurs excités par les libéralités du prince, il n'y a plus rien qui vaille.

Le palais de l'empereur, situé dans le centre de la ville, où les deux grandes rues se rencontrent, est entouré d'une muraille haute de vingt-trois pouces, et à vingt pieds de distance des bâtiments. Sa Majesté m'avait permis d'enjamber par-dessus cette muraille, pour voir son palais de tous les côtés. La cour extérieure est un carré de quarante pieds et comprend deux autres cours. C'est dans la plus intérieure que sont les appartements de Sa Majesté, que j'avais un grand désir de voir, ce qui était pourtant bien difficile, car les plus grandes portes n'étaient que de dix-huit pouces de

Je coupai quelques arbres des plus grands.

haut, et de sept pouces de large. De plus, les bâtiments de la cour extérieure étaient au moins hauts de cinq pieds, et il m'était impossible d'enjamber par-dessus, sans courir risque de briser les ardoises des toits; car pour les murailles, elles étaient solidement bâties de pierres de taille, épaisses de quatre pouces. L'empereur avait néanmoins grande envie que je visse la magnificence de son palais, mais je ne fus en état de le faire qu'au bout de trois jours, lorsque j'eus coupé avec mon couteau quelques arbres des plus grands du parc impérial, éloigné de la ville d'environ cinquante toises. De ces arbres, je fis deux tabourets chacun de trois pieds de haut, et assez forts pour soutenir le poids de mon corps. Le peuple ayant donc été averti pour la seconde fois, je passai encore au travers de la ville, et m'avançai vers le palais, tenant mes deux tabourets à la main. Quand je fus arrivé à un côté de la cour extérieure, je montai sur un de mes tabourets, et pris l'autre à la main. Je fis passer celui-ci par-dessus le toit, et je le descendis doucement à terre dans l'espace qui était entre la première et la seconde cour, laquelle avait huit pieds de large. Je passai ensuite très commodément par-dessus les bâtiments par le moyen des deux tabourets, et quand je fus en dedans, je tirai avec un crochet le tabouret qui était resté en dehors. Par cette invention, j'entrai jusque dans la cour la plus intérieure, où me couchant sur le côté, j'appliquai mon visage à toutes les fenêtres du premier étage qu'on avait exprès laissées ouvertes, et je vis les appartements les plus magnifiques qu'on puisse imaginer. Je vis l'impératrice et les jeunes princesses dans leurs chambres, environnées de leur suite. Sa Majesté Impériale voulut bien m'honorer d'un sourire très gracieux, et me donna par la fenêtre sa main à baiser.

Sa Majesté me donna sa main à baiser.

Je ne ferai point ici le détail des curiosités renfermées dans ce palais ; je les réserve pour un plus grand ouvrage, qui est presque prêt à être mis sous presse, contenant une description générale de cet Empire depuis sa première fondation ; l'histoire de ses empereurs pendant une longue suite de siècles ; des observations sur leurs guerres, leur politique, leurs lois, les lettres et la religion du pays, les plantes et animaux qui s'y trouvent, les mœurs et les coutumes des habitants, avec plusieurs autres matières prodigieusement curieuses, et excessivement utiles. Mon but n'est à présent que de raconter ce qui m'arriva pendant un séjour d'environ neuf mois dans ce merveilleux Empire.

Au niveau de mon oreille.

Quinze jours après que j'eus obtenu ma liberté, Keldresal, secrétaire d'État, pour le département des affaires particulières, se rendit chez moi, suivi d'un seul domestique. Il ordonna que son carrosse l'attendît à quelque distance, et me pria de lui donner un entretien d'une heure. Je lui offris de me coucher, afin qu'il pût être de niveau à mon oreille, mais il aima mieux que je le tinsse dans ma main pendant la conversation. Il commença par me faire des compliments sur ma liberté, et me dit qu'il pouvait se flatter d'y avoir un peu contribué ; puis il ajouta que sans l'intérêt que la Cour y avait, je ne l'eusse pas si tôt obtenue. Car, dit-il, quelque florissant que notre État paraisse aux étrangers, nous avons deux grands fléaux à combattre ; une faction puissante au dedans, et au dehors l'invasion dont nous sommes menacés par un ennemi formidable. A l'égard du premier, il faut que vous sachiez que depuis plus de soixante-dix lunes, il y a eu deux partis opposés dans cet Empire, sous les noms de Tramecksan et Slamecksan,

Hauts talons et bas talons.

termes empruntés des « hauts » et « bas talons » de leurs souliers, par lesquels ils se distinguent. On prétend, il est vrai, que les « hauts talons » sont les plus conformes à notre ancienne constitution ; mais quoi qu'il en soit, Sa Majesté a résolu de ne se servir que des « bas talons » dans l'administration du gouvernement et dans toutes les charges qui sont à la disposition de la couronne ; vous pouvez même remarquer que les talons de Sa

Guerres civiles des Gros-Boutiens et Petits-Boutiens.

Majesté Impériale sont plus bas au moins d'un Drurr que ceux d'aucun de sa Cour. (Drurr est environ la quatorzième partie d'un pouce.)

La haine des deux partis, continua-t-il, est à un tel degré, qu'ils ne mangent ni ne boivent ensemble, et qu'ils ne se parlent point. Nous comptons que les Tramecksans ou « hauts talons » nous surpassent en nombre ; mais l'autorité est entre nos mains. Hélas ! nous appréhendons que Son Altesse Impériale, l'héritier apparent de la couronne, n'ait quelque penchant pour les « hauts talons » ; au moins, nous pouvons facilement voir qu'un de ses talons est plus haut que l'autre, ce qui le fait clocher dans sa démarche. Or, au milieu de ces dissensions intestines, nous sommes menacés d'une invasion de la part de l'île de Blefuscu, qui est l'autre grand Empire de l'univers, presque aussi grand et aussi puissant que celui-ci. Car, pour ce qui est de ce que nous vous avons entendu dire, qu'il y a d'autres Empires,

Royaumes et États dans le monde, habités par des créatures humaines, aussi grosses et aussi grandes que vous, nos philosophes en doutent beaucoup, et aiment mieux conjecturer que vous êtes tombé de la lune ou d'une des étoiles, parce qu'il est certain qu'une centaine de mortels de votre grosseur consumerait dans peu de temps tous les fruits et tous les bestiaux des États de Sa Majesté. D'ailleurs, nos historiens, depuis six mille lunes, ne font mention d'aucune autre région, que des deux grands Empires de Lilliput et de Blefuscu. Ces deux formidables puissances ont, comme j'allais vous le dire, été engagées pendant trente-six lunes dans une guerre très opiniâtre, dont voici le sujet. Tout le monde convient que la manière primitive de casser les œufs, avant que nous les mangions, est de les casser au gros bout ; mais l'aïeul de Sa Majesté régnante, pendant qu'il était enfant, sur le point de manger un œuf, eut le malheur de couper un de ses doigts, sur quoi l'empereur, son père, donna un arrêt pour ordonner à tous ses sujets, sous de grosses peines, de casser leurs œufs par le petit bout. Le peuple fut si irrité de cette loi, que nos historiens racontent qu'il y eut, à cette occasion, six révoltes, dans lesquelles un empereur perdit la vie, et un autre la couronne. Ces dissensions intestines furent toujours fomentées par les souverains de Blefuscu, et, quand les soulèvements furent réprimés, les coupables se réfugièrent dans cet Empire. On suppute que onze mille hommes ont, à différentes fois, aimé mieux souffrir la mort, que de se soumettre à la loi de casser leurs œufs par le petit bout. Plusieurs centaines de gros volumes ont été écrits et publiés sur cette matière ; mais les livres des Gros-Boutiens ont été interdits depuis longtemps, et tout leur parti a été déclaré par les lois incapable de posséder des charges. Pendant la suite continuelle de ces troubles, les empereurs de Blefuscu ont souvent fait des remontrances par leurs ambassadeurs, nous accusant de faire un crime, en violant un précepte fondamental de notre grand prophète Lustrogg, dans le cinquante-quatrième chapitre du *Brundecral* (ce qui est leur alcoran) ; cependant cela a été jugé n'être qu'une interprétation du sens du texte, dont voici les mots : *Que tous les fidèles casseront leurs œufs au bout le plus commode.* On doit, à mon avis, laisser décider à la conscience de chacun, quel est le bout le plus commode ; ou au moins, c'est à l'autorité du souverain Magistrat d'en décider. Or les Gros-Boutiens exilés ont trouvé tant de crédit dans la Cour de l'empereur de Blefuscu, et tant de secours et d'appui dans notre pays même, qu'une guerre très sanglante a régné entre les deux Empires, pendant trente-six lunes, à ce sujet, avec différents succès. Dans cette guerre nous avons perdu quarante vaisseaux de ligne, et un bien plus grand nombre de petits vaisseaux, avec trente mille de nos meilleurs matelots et soldats ; l'on compte que la perte de l'ennemi n'est pas moins considérable. Quoi qu'il en soit, on arme à présent une flotte très redoutable et on se prépare à faire une descente sur nos côtes. Or, S. M. Impériale, mettant sa confiance en votre valeur, et ayant une haute idée de vos forces, m'a commandé de vous faire ce détail au sujet de ses affaires, afin de savoir quelles sont vos dispositions à son égard. »

Je répondis au secrétaire que je le priais d'assurer l'empereur de mes très humbles respects, et de lui faire savoir que j'étais prêt à sacrifier ma vie pour défendre sa personne sacrée et son Empire, contre toutes les entreprises et invasions de ses ennemis. Il me quitta fort satisfait de ma réponse.

Dans cette guerre nous avons perdu quarante vaisseaux de ligne.

Je vis la flotte de l'ennemi.

V

L'Auteur, par un stratagème très extraordinaire, s'oppose à une descente des ennemis.
L'Empereur lui confère un grand titre d'honneur.
Les Ambassadeurs arrivent de la part de l'Empereur de « Blefuscu », pour demander la paix.
Le feu prend à l'appartement de l'Impératrice : l'Auteur contribue beaucoup à éteindre l'incendie.

L'Empire de Blefuscu est une île située au nord-nord-est de Lilliput, dont elle n'est séparée que par un canal qui a quatre cents toises de large. Je ne l'avais pas encore vu, et sur l'avis d'une descente projetée, je me gardais bien de paraître de ce côté-là, de peur d'être découvert par quelques-uns des vaisseaux de l'ennemi.

Je fis part à l'empereur d'un projet que j'avais formé depuis peu, pour me rendre maître de toute la flotte des ennemis, qui, selon le rapport de ceux que nous avions envoyés à la découverte, était dans le port prête à mettre à la voile au premier vent favorable. Je consultai les plus expérimentés dans la marine, pour apprendre d'eux quelle était la profondeur du canal ; et ils me dirent qu'au milieu, dans la plus haute marée, il était profond de 70 glumgluffs (c'est-à-dire environ de six pieds, selon la mesure de l'Europe), et le reste de 50 glumgluffs au plus. Je m'en allai secrètement vers la côte nord-est, vis-à-vis de Blefuscu ; et me couchant derrière une colline, je tirai ma lunette et vis la flotte de l'ennemi composée de cinquante vaisseaux de guerre, et d'un grand nombre de vaisseaux de transport.

M'étant ensuite retiré, je donnai ordre de fabriquer une grande quantité de câbles les plus forts qu'on pourrait, avec des barres de fer. Les câbles devaient être environ de la grosseur d'une double ficelle, et les barres de la longueur et de la grosseur d'une aiguille à tricoter. Je triplai le câble

Ils sautèrent hors de leurs vaisseaux comme des grenouilles.

pour le rendre encore plus fort, et, pour la même raison, je tortillai ensemble trois des barres de fer, et attachai à chacune un crochet. Je retournai à la côte de nord-est, et mettant bas mon juste-au-corps, mes souliers et mes bas, j'entrai dans la mer. Je marchai d'abord dans l'eau avec toute la vitesse que je pus, et ensuite je nageai au milieu, environ quinze toises, jusqu'à ce que j'eusse trouvé pied. J'arrivai à la flotte en moins d'une demi-heure : les ennemis furent si frappés à mon aspect, qu'ils sautèrent tous hors de leurs vaisseaux comme des grenouilles, et s'enfuirent à terre : ils paraissaient être au nombre de 30 000 hommes. Je pris alors mes câbles, et attachant un crochet au trou de la proue de chaque vaisseau, je passai mes câbles dans les crochets. Pendant que je travaillais, l'ennemi fit une décharge de plusieurs milliers de flèches, dont un grand nombre m'atteignit au visage et aux mains, et qui, outre la douleur excessive qu'elles me causèrent, me troublèrent fort dans mon ouvrage. Ma plus grande appréhension était pour mes yeux que j'aurais infailliblement perdus si je ne me fusse promptement avisé d'un expédient. J'avais dans un de mes goussets une paire de lunettes, que je tirai et attachai à mon nez, aussi fortement que je pus. Armé de cette façon, comme d'une espèce de casque, je poursuivis mon travail en dépit de la grêle continuelle de flèches qui tombait sur moi. Ayant placé tous les crochets, je commençai à tirer ; mais ce fut inutilcment, tous les vaisseaux étaient à l'ancre. Je coupai aussitôt avec mon couteau tous les câbles auxquels étaient attachées les ancres ; ce qu'ayant achevé en peu de temps, je tirai aisément cinquante des plus gros vaisseaux, et les entraînai avec moi.

Je passai mes câbles dans les crochets.

Les Blefuscudiens, qui n'avaient point d'idée de ce que je projetais, furent aussi surpris que confus. Ils m'avaient vu couper les câbles, et avaient cru que mon dessein n'était que de les laisser flotter au gré du vent et de la marée, et de les faire heurter l'un contre l'autre; mais quand ils me virent entraîner toute la flotte à la fois, ils jetèrent des cris de rage et de désespoir.

Ayant marché quelque temps, et me trouvant hors de la portée des traits, je m'arrêtai un peu pour tirer toutes les flèches qui s'étaient attachées à mon visage et à mes mains; puis conduisant ma prise, je me dirigeai vers le port impérial de Lilliput.

Plusieurs milliers de flèches.

L'empereur avec toute sa Cour était sur le bord de la mer, attendant le succès de mon entreprise. Ils voyaient de loin avancer une flotte sous la forme d'un grand croissant; mais comme j'étais dans l'eau jusqu'au cou, ils ne s'apercevaient pas que c'était moi qui la conduisait vers eux. L'empereur crut donc que j'avais péri, et que la flotte de l'ennemi s'approchait pour faire une descente. Mais ses craintes furent bientôt dissipées; car ayant pris pied, on me vit à la tête de tous les vaisseaux, et on m'entendit crier d'une voix forte : « Vive le très puissant empereur de Lilliput. » Ce prince, à mon arrivée, me donna des louanges infinies, et sur-le-champ me créa « Nardac », qui est le plus haut titre d'honneur parmi eux.

Je m'arrêtai un peu pour retirer les flèches.

Sa Majesté me pria de prendre des mesures pour amener dans ses ports tous les autres vaisseaux de l'ennemi. L'ambition de ce prince ne lui faisait prétendre rien moins que de se rendre maître de tout l'Empire de Blefuscu, de le réduire en province de

Vive le très puissant Empereur de Lilliput.

son Empire, et de le faire gouverner par un vice-roi; de faire périr tous les exilés Gros-Boutiens et de contraindre tous ses peuples à casser les œufs par le petit bout; ce qui l'aurait fait parvenir à la monarchie universelle. Mais je tâchai de le détourner de ce dessein par plusieurs raisonnements fondés sur la politique et sur la justice, et je protestai hautement que je ne serais jamais l'instrument dont il se servirait pour opprimer la liberté d'un peuple libre, noble et courageux. Quand on eut délibéré sur cette affaire dans le Conseil, la plus saine partie fut de mon avis.

Cette déclaration ouverte et hardie était si opposée aux projets et à la politique de Sa Majesté Impériale, qu'il était difficile qu'il pût me le pardonner. Il en parla dans le Conseil d'une manière très artificieuse, et mes ennemis secrets s'en prévalurent pour me perdre. Tant il est vrai que les services les plus importants rendus aux souverains sont bien peu de chose, lorsqu'ils sont suivis du refus de servir aveuglément leurs passions.

Environ trois semaines après mon expédition éclatante, il arriva une ambassade solennelle de Blefuscu, avec des propositions de paix. Le traité fut bientôt conclu à des conditions très avantageuses pour l'empereur. L'ambassade était composée de six seigneurs, avec une suite de cinq cents personnes, et on peut dire que leur entrée fut conforme à la grandeur de leur maître, et à l'importance de leur négociation.

Après la conclusion du traité, leurs Excellences étant averties secrètement des bons offices que j'avais rendus à leur nation, par la manière dont j'avais parlé à l'empereur, me rendirent une visite en cérémonie. Ils commencèrent par me faire beaucoup de compliments sur ma valeur et sur ma générosité, et m'invitèrent au nom de leur maître à passer dans son royaume. Je les remerciai, et les priai de me faire l'honneur de présenter mes très humbles respects à Sa Majesté Blefuscudienne, dont les vertus éclatantes étaient célébrées par tout l'univers. Je promis de me rendre auprès de sa personne royale avant de retourner dans mon pays.

Peu de jours après, je demandai à l'empereur la permission de faire mes compliments au grand roi de Blefuscu : il me répondit froidement qu'il le voulait bien.

J'ai oublié de dire que les ambassadeurs m'avaient parlé avec le secours d'un interprète. Les langues des deux Empires sont très différentes l'une de l'autre : chacune des deux nations vante l'antiquité, la beauté et la force de sa langue, et méprise l'autre. Cependant l'empereur fier de l'avantage qu'il avait remporté sur les Blefuscudiens, par la prise de leur flotte, obligea les ambassadeurs à présenter leurs lettres de créance, et à faire leur harangue dans la langue lilliputienne. Et il faut avouer qu'à raison du trafic et du commerce qui est entre les deux royaumes, de la réception réciproque des exilés, et de l'usage où sont les Lilliputiens d'envoyer leur jeune noblesse dans le Blefuscu, afin de s'y polir et d'y apprendre les exercices, il y a très peu de personnes de distinction dans l'Empire de Lilliput, et encore moins de négociants

Ils me firent beaucoup de compliments.

ou de matelots dans les places maritimes qui ne parlent les deux langues.

J'eus alors occasion de rendre à Sa Majesté Impériale un service très signalé. Je fus un jour réveillé vers minuit par une foule de peuple assemblé à la porte de mon hôtel : j'entendis le mot « Burgum » répété plusieurs fois. Quelques-uns de la Cour de l'empereur s'ouvrant un passage à travers la foule, me prièrent de venir incessamment au palais, où l'appartement de l'impératrice était en feu par la faute d'une de ses Dames, qui s'était endormie en lisant un poème Blefuscudien. Je me levai à l'instant, et me transportai au palais avec assez de peine, sans néanmoins fouler personne aux pieds. Je trouvai qu'on avait déjà appliqué des échelles aux murailles de l'appartement, et qu'on était bien fourni de seaux; mais l'eau était assez éloignée. Ces seaux étaient environ de la grosseur d'un dé à coudre, et le pauvre peuple en fournissait avec toute la diligence qu'il pouvait. L'incendie commençait à croître, et un palais si magnifique aurait été infailliblement réduit en cendres, si, par une présence d'esprit peu ordinaire, je ne me fusse tout à coup avisé d'un expédient. Le soir précédent j'avais bu en grande abondance d'un vin blanc appelé Glimigrim, qui vient d'une province de Blefuscu, et qui est très diurétique. Je me mis donc à uriner en si grande abondance, et j'appliquai l'eau si à propos et si adroitement aux endroits convenables, qu'en trois minutes le feu fut tout à fait éteint, et que le reste de ce superbe édifice, qui avait coûté des sommes immenses, fut préservé d'un fatal embrasement.

Une de ses dames s'était endormie sur un poème.

L'incendie.

J'ignorais si l'empereur me saurait gré du service que je venais de lui rendre, car par les lois fondamentales de l'Empire, c'était un crime capital et digne de mort de faire de l'eau dans l'étendue du palais impérial. Mais je fus rassuré, lorsque j'appris que Sa Majesté Impériale avait donné ordre au grand juge de m'expédier des lettres de grâce. Mais on m'apprit que l'impératrice, concevant la plus grande horreur de ce que je venais de faire, s'était transportée au côté le plus éloigné de la cour, et qu'elle était déterminée à ne jamais loger dans des appartements que j'avais osé souiller par une action malhonnête et impudente.

Expédition des lettres de grâce.

VI

L'Auteur ayant reçu avis qu'on lui voulait faire son procès, pour crime de lèse-majesté, s'enfuit dans le royaume de « Blefuscu ».

Je mis la chaise sur la table.

AVANT que je parle de ma sortie de l'Empire de Lilliput, il sera peut-être à propos d'instruire le lecteur d'une intrigue secrète qui se forma contre moi.

J'étais peu fait au manège de la Cour, et la bassesse de mon état m'avait refusé les dispositions nécessaires pour devenir un habile courtisan; quoique plusieurs d'aussi basse extraction que moi aient souvent réussi à la Cour, et y soient parvenus aux plus grands emplois : mais aussi n'avaient-ils pas peut-être la même délicatesse que moi sur la probité et sur l'honneur. Quoi qu'il en soit, pendant que je me disposais à partir pour me rendre auprès de l'empereur de Blefuscu, une personne de grande considération à la Cour et à qui j'avais rendu des services importants, me vint trouver secrètement pendant la nuit, et entra chez moi avec sa chaise sans se faire annoncer. Les porteurs congédiés, je mis la chaise et celui qui l'occupait dans la poche de mon juste-au-corps, et donnant ordre à un domestique de tenir la porte de ma maison fermée, je mis la chaise sur la table, et je m'assis auprès. Après les premiers compliments, remarquant que l'air de ce seigneur était triste et inquiet, et lui en ayant demandé la raison, il me pria de le vouloir bien écouter sur un sujet qui intéressait mon honneur et ma vie.

« Je vous apprends, me dit-il, qu'on a convoqué depuis peu plusieurs comités secrets à votre sujet, et que depuis deux jours Sa Majesté a pris une fâcheuse résolution.

« Vous n'ignorez pas que Skyriesh Bolgolam (c'est ainsi qu'on appelle le grand-amiral) a presque toujours été votre ennemi mortel depuis votre arrivée ici. Je n'en sais pas l'origine, mais sa haine s'est fort augmentée depuis votre expédition contre la flotte de Blefuscu : comme amiral il est jaloux de ce grand succès. Ce seigneur, de concert avec Flimnap, grand-trésorier, Limtoc le

L'amiral, le grand-chambellan, le grand-trésorier et le grand-juge.

général, Lalcon le grand-chambellan, et Balmuff le grand-juge ont dressé des articles pour vous faire votre procès en qualité de criminel de lèse-Majesté, et comme coupable de plusieurs autres grands crimes. »

Cet exorde me frappa tellement, que j'allais l'interrompre, quand il me pria de ne rien dire et de l'écouter; et il continua ainsi.

« Pour reconnaître les services que vous m'avez rendus, je me suis fait instruire de tout le procès, et j'ai obtenu une copie de tous les articles : c'est une affaire dans laquelle je risque ma tête pour votre service.

Articles de l'accusation intentée contre QUINBUS FLESTRIN, *l'Homme-Montagne.*

ARTICLE I

« D'autant plus que par une loi portée sous le règne de Sa Majesté Impériale Cabin Deffar Plune, il est ordonné que quiconque fera de l'eau dans l'étendue du palais impérial, sera sujet aux peines et châtiment du crime de lèse-Majesté, et que malgré cela ledit Quinbus Flestrin, par un violement ouvert de ladite loi, sous le prétexte d'éteindre le feu allumé dans l'appartement de la chère impériale épouse de Sa Majesté, aurait malicieusement, traîtreusement et diaboliquement, par la décharge de sa vessie, éteint ledit feu allumé dans ledit appartement, étant alors entré dans l'étendue dudit palais impérial.

ARTICLE II

« Que ledit Quinbus Flestrin, ayant amené la flotte royale de Blefuscu dans notre port impérial; et lui ayant été ensuite enjoint par Sa Majesté Impériale de se rendre maître de tous les autres vaisseaux dudit royaume de Blefuscu, et de le réduire à la forme d'une province qui pût être gouvernée par un vice-roi de notre pays, et de faire périr et mourir non seulement tous les Gros-Boutiens exilés, mais aussi tout le peuple de cet Empire, qui ne voudrait incessamment quitter l'hérésie Gros-Boutienne; ledit Flestrin, comme un traître rebelle à Sa Très Heureuse Impériale Majesté, aurait présenté une requête pour être dispensé dudit service, sous le prétexte frivole d'une répugnance de se mêler de contraindre les consciences, et d'opprimer la liberté d'un peuple innocent.

ARTICLE III

« Que certains ambassadeurs étant venus depuis peu de la Cour de Blefuscu pour demander la paix à Sa Majesté, ledit Flestrin, comme un sujet déloyal, aurait secouru, aidé, soulagé et régalé lesdits ambassadeurs, quoiqu'il les connût pour être ministres d'un prince qui venait d'être récemment l'ennemi déclaré de Sa Majesté Impériale, et dans une guerre ouverte contre Sa dite Majesté.

ARTICLE IV

« Que ledit Quinbus Flestrin, contre le devoir d'un fidèle sujet, se disposerait actuellement à faire un voyage à la Cour de Blefuscu, pour lequel il n'a reçu qu'une permission verbale de Sa Majesté Impériale ; et, sous prétexte de ladite permission, se proposerait témérairement et perfidement de faire ledit voyage, et de secourir, soulager et aider le roi de Blefuscu.

« Il y a encore d'autres articles, ajouta-t-il, mais ce sont les plus importants dont je viens de vous lire un abrégé.

« Dans les différentes délibérations sur cette accusation, il faut avouer que Sa Majesté a fait voir sa modération, sa douceur et son équité, représentant plusieurs fois vos services, et tâchant de diminuer vos crimes. Le trésorier et l'amiral ont opiné qu'on devait vous faire mourir d'une mort cruelle et ignominieuse, en mettant le feu à votre hôtel pendant la nuit ; et le général devait vous attendre avec vingt mille hommes armés de flèches empoisonnées pour vous frapper au visage et aux mains. Des ordres secrets devaient être donnés à quelques-uns de vos domestiques, pour répandre un suc vénéneux sur vos chemises, lequel vous aurait fait bientôt déchirer votre propre chair, et mourir dans des tourments excessifs. Le général s'est rendu au même avis ; en sorte que, pendant quelque temps, la pluralité des voix à été contre vous; mais Sa Majesté résolue de vous sauver la vie, a gagné le suffrage du chambellan.

L'amiral Bolgolam s'éleva...

« Sur ces entrefaites Reldresal, premier secrétaire d'État pour les affaires secrètes, a reçu ordre de l'empereur de donner son avis; ce qu'il a fait conformément à celui de Sa Majesté, et certainement il a bien justifié l'estime que vous avez pour lui. Il a reconnu que vos crimes étaient grands, mais qu'ils méritaient néanmoins quelque indulgence. Il a dit que l'amitié qui était entre vous et lui était si connue, que peut-être on pourrait le croire prévenu en votre faveur; que cependant pour obéir au commandement de Sa Majesté, il voulait dire son avis avec franchise et liberté : que, si Sa Majesté, en considération de vos services, et suivant la douceur de son esprit, voulait bien vous sauver la vie, et se contenter de vous faire crever les deux yeux, il jugeait avec soumission que par cet expédient la justice pourrait être en quelque sorte satisfaite, et que tout le monde applaudirait à la clémence de l'empereur, aussi bien qu'à la procédure équitable et généreuse de ceux qui avaient l'honneur d'être ses conseillers. Que la perte de vos yeux ne ferait point d'obstacle à votre force corporelle, par laquelle vous pourriez être encore utile à Sa Majesté. Que l'aveuglement sert à augmenter le courage, en nous cachant les périls; que l'esprit en devient plus recueilli, et plus disposé à la découverte de la vérité. Que la crainte que vous aviez pour vos yeux était la plus grande difficulté que vous aviez eue à surmonter, en vous rendant maître de la flotte ennemie, et que ce serait assez que vous vissiez par les yeux des autres, puisque les plus puissants princes ne voyent pas autrement.

« Cette proposition fut reçue avec un déplaisir extrême par toute l'assemblée : l'amiral Bolgolam tout en feu se leva, et transporté de fureur, dit qu'il était étonné que le secrétaire osât opiner pour la conservation de la vie d'un traître; que les services que vous aviez rendus étaient,

La harangue fut publiée par tout l'empire.

selon les véritables maximes d'Etat, des crimes énormes; que vous, qui étiez capable d'éteindre tout à coup un incendie en arrosant d'urine le palais de Sa Majesté (ce qu'il ne pouvait rappeler sans horreur), pourriez quelqu'autre fois, par le même moyen, inonder le palais et toute la ville, et que la même force qui vous avait mis en état d'entraîner toute la flotte de l'ennemi pourrait servir à la reconduire, sur le premier mécontentement, à l'endroit d'où vous l'aviez tirée. Qu'il avait des raisons très fortes de penser que vous étiez Gros-Boutien au fond de votre cœur et parce que la trahison commence au cœur avant qu'elle paraisse dans les actions, comme Gros-

Boutien, il vous déclara formellement traître et rebelle, et insista qu'on devait sans délai vous faire mourir.

« Le trésorier fut du même avis. Il fit voir à quelles extrémités les

Je me saisis d'un gros vaisseau.

finances de S. M. étaient réduites par la dépense de votre entretien ; ce qui deviendrait bientôt insoutenable. Que l'expédient proposé par le secrétaire de vous crever les yeux, loin d'être un remède contre ce mal, l'augmenterait selon toutes les apparences, comme il paraît par l'usage ordinaire d'aveugler certaines volailles, qui après cela mangent encore plus et s'engraissent plus promptement. Que Sa Majesté sacrée, et le conseil, qui étaient vos juges, étaient dans leurs propres consciences persuadés de votre crime ; ce qui était une preuve plus que suffisante pour vous condamner à mort, sans avoir recours à des preuves formelles, requises par la lettre rigide de la loi.

« Mais S. M. Impériale étant absolument déterminée à ne vous point faire mourir, dit gracieusement que, puisque le conseil jugeait la perte de vos yeux un châtiment trop léger, on pourrait en ajouter un autre. Et votre ami le secrétaire, priant avec soumission d'être écouté encore pour répondre à ce que le trésorier avait objecté touchant la grande dépense que Sa Majesté faisait pour votre entretien, dit que son Excellence, qui avait la seule disposition des finances de l'empereur, pourrait remédier facilement à ce mal, en diminuant votre table peu à peu ; et que, par ce moyen, faute d'une quantité suffisante de nourriture, vous deviendriez faible et languissant, et perdriez l'appétit, et bientôt après la vie.

7

« Ainsi par la grande amitié du secrétaire toute l'affaire a été terminée à l'amiable ; les ordres précis ont été donnés pour tenir secrets le dessein de vous faire peu à peu mourir de faim. L'arrêt, pour vous crever les yeux, a été enregistré dans le greffe du conseil, personne ne s'y opposant, si ce n'est l'Amiral *Bolgolam.* Dans trois jours, le secrétaire aura ordre de se rendre chez vous, et de lire les articles de votre accusation en votre présence, et puis de vous faire savoir la grande clémence et la grâce de S. M. et du conseil, en ne vous condamnant qu'à la perte de vos yeux, à laquelle Sa Majesté ne doute pas que vous ne vous soumettiez avec la reconnaissance et l'humilité qui conviennent. Vingt des chirurgiens de Sa Majesté se rendront à sa suite, et exécuteront l'opération par la décharge adroite de plusieurs flèches très aiguës dans les prunelles de vos yeux, lorsque vous serez couché à terre. C'est à vous à prendre les mesures convenables que votre prudence vous suggérera. Pour moi, afin de prévenir les soupçons, il faut que je m'en retourne aussi secrètement que je suis venu. »

On me fournit deux guides.

Son Excellence me quitta, et je restai seul livré aux inquiétudes. C'était un usage introduit par ce prince et par son ministre (très différent à ce qu'on m'assure de l'usage des premiers temps) qu'après que la Cour avait ordonné un supplice, pour satisfaire le ressentiment du Souverain ou la malice d'un favori, l'empereur devait faire une harangue à tout son conseil, parlant de sa douceur et de sa clémence comme de qualités reconnues de tout le monde. La harangue de l'empereur à mon sujet fut bientôt publiée par tout l'empire, et rien n'inspira tant de terreur au peuple que ces éloges de la clémence de Sa Majesté, parce qu'on avait remarqué que, plus ces éloges étaient amplifiés, plus le supplice était ordinairement cruel et injuste. Et à mon égard, il faut avouer que n'étant pas destiné par ma naissance ou par mon éducation à être homme de Cour, j'entendais si peu les affaires, que je ne pouvais décider si l'arrêt porté contre moi était doux ou rigoureux, juste ou injuste. Je ne songeai point à demander la permission de me défendre, j'aimai autant être condamné sans être entendu. Car ayant autrefois vu plusieurs procès semblables, je les avais toujours vu terminés selon les instructions données aux juges et au gré des accusateurs accrédités et puissants.

Obligé de me coucher à terre.

J'eus quelque envie de faire de la résistance ; car, étant en liberté, toutes les forces de cet empire ne seraient pas venues à bout de moi, et j'aurais pu facilement à coups de pierres, battre et renverser la capitale ; mais je rejettai aussitôt ce projet avec horreur, me ressouvenant du serment que j'avais prêté à S. M., des grâces que j'avais reçues d'elle, et de la haute dignité de Nardac qu'elle m'avait conférée. D'ailleurs, je n'avais pas assez pris l'esprit de la Cour pour me persuader que les rigueurs de S. M. m'acquittaient de toutes les obligations que je lui devais.

Enfin, je pris une résolution, qui, selon les apparences, sera censurée de quelques personnes avec justice ; car je confesse que ce fut une grande témérité à moi, et un très mauvais procédé de ma part, d'avoir voulu conserver mes yeux, ma liberté et ma vie, malgré les ordres de la Cour. Si j'avais mieux connu le caractère des princes et des ministres d'État, que j'ai depuis observé dans plusieurs autres Cours, et leur méthode de traiter des accusés moins criminels que moi, je me serais soumis sans difficulté à une peine si douce. Mais emporté par le feu de la jeunesse, et ayant eu ci-devant la permission de S. M. Impériale de me rendre auprès du roi de Blefuscu, je me hâtai, avant l'expiration des trois jours, d'envoyer une lettre à mon ami le secrétaire, par laquelle je lui faisais savoir la résolution que j'avais prise, de partir ce jour-là même pour Blefuscu, suivant la permission que j'avais obtenue ; et, sans attendre la réponse, je m'avançai vers la côte de l'île où était la flotte. Je me saisis d'un gros vaisseau de guerre, j'attachai un câble à la proue, et levant les ancres, je me déshabillai, mis mon habit (avec ma couverture que j'avais apportée sous mon bras) sur le vaisseau, et le tirant après moi, tantôt guéant, tantôt nageant, j'arrivai au port royal de Blefuscu, où le peuple m'avait attendu longtemps. On m'y fournit deux guides pour me conduire à la capitale, qui porte le même nom. Je les tins dans mes mains, jusqu'à ce que je fusse arrivé à cent toises de la porte de la ville, et je les priai de donner avis de mon arrivée à un des secrétaires d'État, et de lui faire savoir que j'attendais les ordres de Sa Majesté. Je reçus réponse au bout d'une heure que Sa Majesté, avec toute la maison royale, venait pour me recevoir. Je m'avançai cinquante toises, le roi et sa suite descendirent de leurs chevaux, et la reine avec les dames sortirent de leurs carrosses, et je n'aperçus pas qu'ils eussent peur de moi. Je me couchai à terre pour baiser les mains du roi et de la reine. Je dis à Sa Majesté que j'étais venu suivant ma promesse, et avec la permission de l'empereur mon maître, pour avoir l'honneur de voir un si puissant prince, et pour lui offrir tous les services qui dépendaient de moi, et qui ne seraient pas contraires à ce que je devais à mon souverain, mais sans parler de ma disgrâce.

Je n'ennuyerai point le lecteur du détail de ma réception à la Cour, qui fut conforme à la générosité d'un si grand prince, ni des incommodités que j'essuyai faute d'une maison et d'un lit, étant obligé de me coucher à terre enveloppé de ma couverture.

S. M. la Reine.

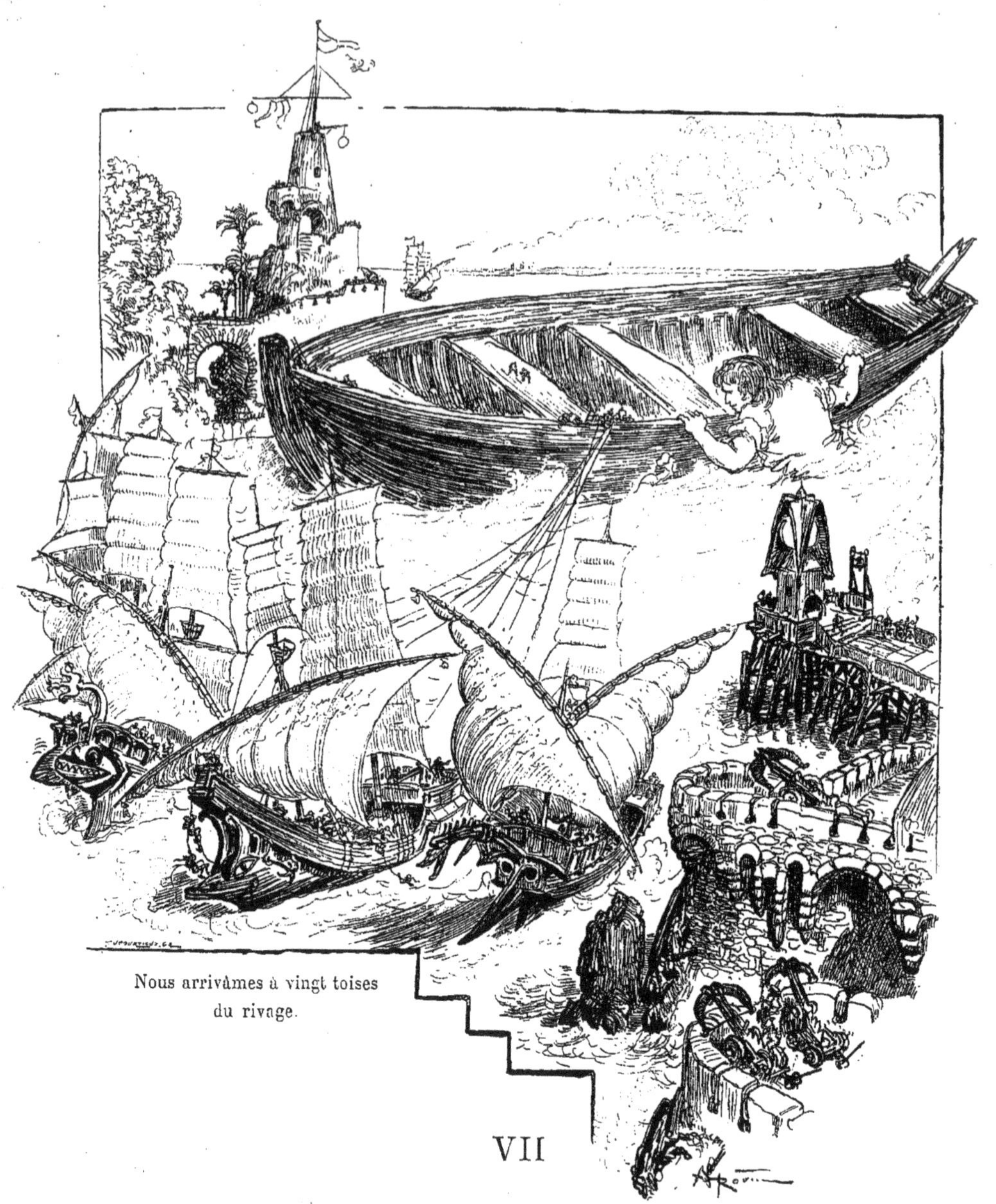

Nous arrivâmes à vingt toises du rivage.

VII

L'Auteur, par un accident heureux, trouve le moyen de quitter « Blefuscu » ; et après quelques difficultés retourne dans sa patrie.

TROIS jours après mon arrivée, me promenant par curiosité vers la côte de l'île qui regarde le nord-est, je découvris, à une demi-lieue de distance dans la mer, quelque chose qui me sembla être un bateau renversé. Je tirai mes souliers et mes bas, et allant dans l'eau cent ou cent cinquante toises, je vis que l'objet s'approchait par la force de la marée, et je connus alors que c'était une chaloupe, qui, à ce que je crus, pouvait avoir été détachée d'un vaisseau par quelque tempête ; sur quoi je revins incessamment à la ville, et priai Sa Majesté de me prêter vingt des plus grands vaisseaux qui lui restaient depuis la perte de sa flotte, et trois mille matelots, sous les ordres du vice-amiral. Cette flotte mit à la voile, faisant le tour, pendant que j'allai par le chemin le plus court à la côte, où j'avais premièrement découvert la chaloupe. Je trouvai que la marée l'avait poussée encore plus près du rivage. Quand les vaisseaux m'eurent joint, je me dépouillai de mes habits, me mis dans l'eau, et m'avançai jusqu'à cinquante toises de la chaloupe ; après quoi je fus obligé de nager jusqu'à ce que je l'eusse atteinte. Les matelots me jetèrent un câble, dont j'attachai un bout à un trou sur le devant du bateau, et l'autre bout à un vaisseau de guerre ; mais je ne pus continuer mon ouvrage, perdant pied dans l'eau. Je me mis donc à nager derrière la chaloupe et à la pousser en avant avec une de mes mains, en sorte qu'à la faveur de la marée, je m'avançai tellement vers le rivage, que je pus avoir le menton hors de l'eau, et trouver pied. Je me reposai deux ou trois minutes, et puis je poussai le bateau encore, jusqu'à ce que la mer ne fût pas plus haute que mes aisselles, et alors la plus grande fatigue étant passée, je pris d'autres câbles apportés dans un des vaisseaux, je les attachai premièrement au bateau, puis à neuf des vaisseaux qui m'attendaient, le vent étant assez favorable, et, les matelots m'aidant, je fis en sorte que nous arrivâmes à vingt toises du rivage. La mer s'étant retirée, je gagnai la chaloupe à pied sec, et avec le secours de deux mille hommes, et celui des cordes et des machines, je vins à bout de la relever. Elle n'était par bonheur que très peu endommagée.

Je fus dix jours à faire entrer ma chaloupe dans le port royal de Blefuscu, où il s'amassa un grand concours de peuple, plein d'étonnement à la vue d'un vaisseau si prodigieux. Je dis au roi que ma bonne fortune m'avait fait rencontrer ce vaisseau pour me transporter à quelque autre endroit, d'où je pourrais retourner dans mon pays natal, et je priai Sa Majesté de vouloir bien donner ses ordres, pour mettre ce vaisseau en état de me servir, et de me permettre de sortir de ses États ; ce qu'après quelques plaintes obligeantes, il lui plut de m'accorder.

J'étais fort surpris que l'empereur de Lilliput, depuis mon départ, n'eût fait aucune recherche à mon sujet; mais j'appris que Sa Majesté Impériale, ignorant que j'avais eu avis de ses desseins, s'imaginait que je n'étais allé à Blefuscu que pour accomplir ma promesse, suivant la permission qu'il m'en avait donnée, et que je reviendrais dans peu de jours. Mais, à la fin, ma longue absence le mit en peine, et ayant tenu conseil avec le trésorier et le reste de la cabale, une personne de qualité fut dépêchée avec une copie des articles dressés contre moi. L'envoyé avait des instructions pour représenter au souverain de Blefuscu, la grande douceur de son maître, qui s'était contenté de me punir par la perte de mes yeux, que je m'étais soustrait à la justice et que si je ne retournais pas dans deux jours, je serais dépouillé de mon titre de Nardac, et déclaré criminel de haute trahison. L'envoyé ajouta que, pour conserver la paix et l'amitié entre les deux empires, son maître espérait que le roi de Blefuscu donnerait ordre de me faire reconduire à Lilliput, pieds et mains liés, pour être puni comme un traître.

Le roi ayant pris trois jours pour délibérer.

Le roi de Blefuscu ayant pris trois jours pour délibérer sur cette affaire, rendit une réponse très honnête et très sage. Il représenta qu'à l'égard de me renvoyer lié, l'empereur n'ignorait pas que cela était impossible; que quoique je lui eusse enlevé sa flotte, il m'était redevable de plusieurs bons offices que je lui avais rendus par rapport au traité de paix. D'ailleurs qu'ils seraient bientôt l'un et l'autre délivrés de moi, parce que j'avais trouvé sur le rivage un vaisseau prodigieux, capable de me porter sur la mer, qu'il avait donné ordre d'accommoder avec mon secours, et suivant mes instructions, en sorte qu'il espérait que, dans peu de semaines, les deux empires seraient débarrassés d'un fardeau si insupportable.

Avec cette réponse, l'envoyé retourna à Lilliput, et le roi de Blefuscu me raconta tout ce qui s'était passé, m'offrant en même temps, mais secrètement et en confidence, sa gracieuse protection, si je voulais rester à son service. Quoique je crusse sa protection sincère, je pris la résolution de ne me livrer jamais à aucun prince, ni à aucun ministre, lorsque je me pourrais passer d'eux : c'est pourquoi, après avoir témoigné à S. M. ma juste reconnaissance de ses intentions favorables, je la priai humblement de me donner

Je fus aidé par les charpentiers.

congé, en lui disant que, puisque la fortune bonne ou mauvaise m'avait offert un vaisseau, j'étais résolu à me livrer à l'Océan plutôt que d'être l'occasion d'une rupture entre deux si puissants souverains. Le roi ne me parut pas offensé de ce discours, et j'appris même qu'il était bien aise de ma résolution, aussi bien que la plupart de ses ministres.

Ces considérations m'engagèrent à partir un peu plus tôt que je n'avais projeté; et la Cour, qui souhaitait mon départ, y contribua avec empressement. Cinq cents ouvriers furent employés à faire deux voiles à mon bateau,

Adieux à Sa Majesté.

suivant mes ordres, en doublant treize fois ensemble leur plus grosse toile, et la matelassant. Je pris la peine de faire des cordes et des câbles, en joignant ensemble dix, vingt ou trente des plus forts des leurs. Une grosse pierre que j'eus le bonheur de trouver, après une longue recherche, près le rivage de la mer, me servit d'ancre; j'eus le suif de trois cents bœufs pour graisser ma chaloupe, et pour d'autres usages. Je pris des peines infinies à couper les plus grands arbres pour en faire des rames et des mâts, en quoi cependant je fus aidé par les charpentiers des navires de Sa Majesté.

Au bout d'environ un mois, quand tout fut prêt, j'allai pour recevoir les ordres de Sa Majesté, et pour prendre congé d'elle. Le roi, accompagné de la maison royale, sortit du palais. Je me couchai pour avoir l'honneur de lui baiser la main, qu'il me donna très gracieusement, aussi bien que la reine et les jeunes princes du sang. Sa Majesté me fit présent de cinquante bourses de deux cents *Spruggs* chacune, avec son portrait en grand, que je mis aussitôt dans un de mes gants pour le mieux conserver.

Je chargeai sur ma chaloupe cent bœufs et trois cents moutons, avec du pain et de la boisson à proportion, et une certaine quantité de viande cuite,

Cent bœufs et trois cents moutons.

aussi grande que quatre cents cuisiniers m'avaient pu fournir. Je pris avec moi six vaches et deux taureaux vivants et un même nombre de brebis et de béliers, ayant dessein de les porter dans mon pays, pour en multiplier l'espèce. Je me fournis aussi de foin et de blé. J'aurais été bien aise d'emmener six des gens du pays, mais le roi ne le voulut pas permettre; et, outre une très exacte visite de mes poches, Sa Majesté me fit donner ma parole d'honneur que je n'emporterais aucun de ses sujets, quand même ce serait de leur propre consentement et à leur requête.

Ayant ainsi préparé toutes choses, je mis à la voile le vingt-quatrième jour de septembre 1701, sur les six heures du matin; et quand j'eus fait quatre lieues tirant vers le nord, le vent étant au sud-est, sur les six heures du soir, je découvris une petite île longue d'environ une demi-lieue vers le nord-ouest. Je m'avançai et jetai l'ancre vers la côte de l'île qui était à l'abri du vent : elle me parut inhabitée. Je pris des rafraîchissements et m'allai reposer. Je dormis environ six heures, car le jour commença à paraître deux heures après que je fus éveillé. Je déjeunai, et le vent étant favorable, je levai l'ancre et fis la même route que le jour précédent, guidé par mon compas de poche. C'était mon dessein de me rendre, s'il était possible, à une des îles, que je croyais, avec raison, situées au nord-est de la terre de Van Diemen. Je ne découvris rien ce jour-là; mais le lendemain, sur les trois heures après midi, quand j'eus fait, selon mon calcul, environ vingt-quatre lieues, je découvris un navire faisant route vers le sud-est. Je mis toutes mes voiles et au bout d'une demi-heure, le navire m'ayant aperçu, arbora son pavillon et tira un coup de canon. Il n'est pas facile de représenter la joie que je ressentis de l'espérance que j'eus de revoir encore une fois mon pays bien-aimé, et les chers gages que j'y avais laissés. Le navire relâcha ses voiles, et je le joignis à cinq ou six heures du soir, le 26 septembre. J'étais transporté de joie de voir le pavillon d'Angleterre. Je mis mes vaches et mes moutons dans les poches de mon juste-au-corps, et me rendis à bord avec toute ma petite cargaison de vivres. C'était un vaisseau marchand anglais revenant du Japon par les mers du Nord et du Sud, commandé par le capitaine Jean Bidell de Deptfort, fort honnête homme et excellent marin. Il y avait encore cinquante hommes sur le vaisseau, parmi lesquels je rencontrai un de mes anciens camarades, nommé Pierre Williams, qui parla avantageusement de moi au capitaine. Ce galant homme me fit un très bon accueil et me pria de lui apprendre d'où je venais et où j'allais, ce que je fis en peu

J'étais transporté de joie.

de mots; mais il crut que la fatigue et les périls que j'avais courus m'avaient fait tourner la tête : sur quoi je tirai mes vaches et mes moutons de ma poche, ce qui le jeta dans un grand étonnement, en lui faisant voir la vérité de ce que je venais de raconter. Je lui montrai les pièces d'or que m'avait données le roi de Blefuscu, aussi bien que le portrait de Sa Majesté en grand, avec plusieurs autres raretés de ce pays. Je lui donnai deux bourses de deux cents *Spruggs* chacune, et promis, à notre arrivée en Angleterre, de lui faire présent d'une vache et d'une brebis.

Je tirai mes vaches de ma poche.

Je n'entretiendrai point le lecteur du détail de ma route : nous arrivâmes aux Dunes le 13 d'avril 1702. Je n'eus qu'un seul malheur, c'est que les rats du vaisseau emportèrent une de mes brebis. Je débarquai le reste de mon bétail en santé et le mis paître dans un parterre de jeu de boule, à Greenwich.

Pendant le peu de temps que je restai en Angleterre, je fis un profit considérable, en montrant mes petits animaux à plusieurs gens de qualité et même au peuple, et, avant que je commençasse mon second voyage, je les vendis six cents livres sterlings. Depuis mon dernier retour, j'en ai inutilement cherché la race que je croyais considérablement augmentée, surtout les moutons; j'espérais que cela tournerait à l'avantage de nos manufactures de laine par la finesse des toisons.

Je ne restai que deux mois avec ma femme et ma famille : la passion insatiable de voir les pays étrangers ne me permit pas d'être plus longtemps sédentaire. Je laisse quinze cents livres sterlings à ma femme et l'établis dans une bonne maison à Redriff : je portai le reste de ma fortune avec moi, partie en argent et partie en marchandises, dans la vue d'augmenter mes fonds. Certains héritages m'avaient assuré un revenu de soixante livres sterlings : ainsi je ne courais pas le risque de laisser ma famille à la charité de la paroisse. Mon fils Jean, ainsi nommé du nom de son oncle, apprenait le latin et allait au collège, et ma fille Élisabeth (qui est à présent mariée et a des enfants), s'appliquait au travail de l'aiguille. Je dis adieu à ma femme, à mon fils et à ma fille, et, malgré beaucoup de larmes qu'on versa de part et d'autre, je montai courageusement sur l'*Aventure*, vaisseau marchand de trois cents tonneaux, commandé par le capitaine Jean Nicolas de Liverpool et à destination de Surate.

Retour au foyer.

Ils étaient poursuivis par des hommes
d'une grandeur prodigieuse.

Voyage à Brobdignac

I

L'Auteur, après avoir essuyé une grande tempête, se met dans une chaloupe pour descendre à terre, et est saisi par un des habitants du pays. Comment il en est traité. Idée du pays et du peuple.

Nous eûmes le vent très favorable jusqu'à la hauteur du cap de Bonne-Espérance, où nous mouillâmes pour faire de l'eau. Notre capitaine se trouvant alors incommodé d'une fièvre intermittente, nous ne pûmes quitter le Cap qu'à la fin du mois de mars. Alors nous remîmes à la voile et notre voyage fut heureux jusqu'au détroit de Madagascar. Mais, étant arrivés au nord de cette île, les vents, qui dans ces mers soufflent toujours également entre le nord et l'ouest depuis le commencement de décembre jusqu'au commencement de mai, commencèrent le 29 avril à souffler très violemment du côté de l'ouest, ce qui dura vingt jours de suite, pendant lesquels nous fûmes poussés à l'Orient des îles Moluques et environ à trois degrés au nord de la ligne équinoxiale, ce que notre capitaine découvrit par son estimation faite le second jour de mai que le vent cessa; mais étant homme très expérimenté dans la navigation de ces mers, il nous ordonna de nous préparer pour le lendemain à une terrible tempête, ce qui ne manqua pas d'arriver. Un vent de sud appelé mousson commença à s'élever. L'ouragan devint en peu de temps épouvantable. Après avoir pris toutes les précautions nécessaires, nous laissâmes le navire aller à la dérive, sans nous inquiéter de la direction que lui imprimait le vent. Pendant cet orage, qui fut suivi d'un vent impétueux d'ouest-sud-ouest, nous fûmes poussés, selon mon calcul, environ cinq cents lieues vers l'Orient; en sorte que le plus vieux et le plus expérimenté des marins ne sut nous dire en quelle partie du monde nous étions. Cependant les vivres ne nous manquaient pas, notre vaisseau ne faisait point d'eau et notre équipage était en bonne santé; mais nous étions réduits à une très grande disette d'eau. Nous jugeâmes plus à propos de continuer la même route que de tourner au nord, ce qui nous aurait peut-être portés aux parties de la *Grande Tartarie*, qui sont le plus au nord-ouest, et dans la *Mer Glaciale*.

Un garçon découvrit terre.

Le seizième de juin 1703, un garçon découvrit terre du haut du perroquet; le dix-septième nous vîmes clairement une grande île ou un continent (car nous ne sûmes pas lequel des deux), sur le côté droit duquel il y avait une petite langue de terre qui s'avançait dans la mer et une petite baie trop basse pour qu'un vaisseau de plus de cent tonneaux pût y entrer. Nous jetâmes l'ancre à une lieue de cette petite baie; notre capitaine envoya douze hommes de son équipage bien armés dans la chaloupe, avec des vases pour l'eau, si l'on en pouvait trouver. Je lui demandai la permission d'aller avec eux pour voir le pays et faire toutes les découvertes que je pourrais. Quand nous fûmes à terre, nous ne vîmes ni rivière, ni fontaine, ni aucun vestige d'habitants, ce qui obligea nos gens à côtoyer le rivage pour chercher de l'eau fraîche proche de la mer. Pour moi, je me promenai seul et avançai environ un mille dans les terres, où je ne remarquai qu'un pays stérile et plein de rochers. Je commençais à me lasser et ne voyant rien qui pût satisfaire ma curiosité, je m'en retournais doucement vers la petite baie lorsque je vis nos hommes sur la chaloupe, qui semblaient tâcher à force de rames de sauver leur vie, et je remarquai en même temps qu'ils étaient poursuivis par un homme d'une grandeur prodigieuse. Quoiqu'il fût entré dans la mer, il n'avait de l'eau que jusqu'aux genoux et faisait des enjambées étonnantes ; mais nos gens avaient pris le devant d'une demi-lieue et la mer étant en cet endroit pleine de rochers, le grand homme ne put atteindre la chaloupe. Pour moi, je me mis à fuir aussi vite que je pus, et je grimpai jusqu'au sommet d'une montagne escarpée, qui me donna le moyen de voir une partie du pays. Je le trouvai parfaitement bien cultivé ; mais ce qui me surprit d'abord fut la grandeur de l'herbe, qui me parut avoir plus de vingt pieds de hauteur.

Je pris un grand chemin, qui me parut tel, quoiqu'il ne fût pour les habitants qu'un petit sentier qui traversait un champ d'orge. Là je marchai pendant quelque temps; mais je ne pouvais presque rien voir, le temps de la moisson étant proche, et les blés étant hauts de quarante pieds au moins. Je marchai pendant une heure, avant que je puisse arriver à l'extrémité de ce champ, qui était enclos d'une haie haute au moins de cent vingt pieds ; pour les arbres ils étaient si grands, qu'il me fut impossible d'en supputer la hauteur.

Les moissonneurs.

Je tâchais de trouver quelque ouverture dans la haie, quand je découvris un des habitants, dans le champ prochain, de la même taille que celui que j'avais vu dans la mer poursuivant notre chaloupe. Il me parut aussi haut qu'un clocher ordinaire, et il faisait environ cinq toises à chaque enjambée, autant que je pus conjecturer. Je fus frappé d'une frayeur extrême, et je courus me cacher dans le blé, d'où je le vis arrêté à une ouverture de la haie, jetant les yeux çà et là, et appelant d'une voix plus grosse et plus retentissante, que si elle fût sortie d'un porte-voix; le son était si fort et si élevé dans l'air, que d'abord je crus entendre le tonnerre. Aussitôt sept hommes de sa taille s'avancèrent vers lui, chacun une faucille à la main, chaque faucille étant de la grandeur de six faux. Ces gens n'étaient pas si bien habillés que le premier, dont ils semblaient être les domestiques. Selon les ordres qu'il leur donna, ils allèrent pour couper le blé dans le champ où j'étais couché. Je m'éloignai d'eux autant que je pus; mais je ne me remuais qu'avec une difficulté extrême, car les tuyaux du blé n'étaient pas quelquefois distants de plus d'un pied l'un de l'autre, en sorte que je ne pouvais guère marcher dans cette espèce de forêt. Je m'avançai cependant vers un endroit du champ, où la pluie et le vent avaient couché le blé ; il me fut alors tout à fait impossible d'aller plus loin ; car les tuyaux étaient si entrelacés, qu'il n'y avait pas moyen de ramper à travers; et les barbes des épis tombés étaient si fortes et si pointues, qu'elles me perçaient au travers de mon habit, et m'entraient dans la chair; cependant j'entendais les moissonneurs qui n'étaient qu'à cinquante toises de moi. Étant tout à fait épuisé et réduit au désespoir, je me couchai entre deux sillons, et je souhaitai d'y finir mes jours, me représentant ma veuve désolée, avec mes enfants orphelins, et déplorant ma folie qui m'avait fait entreprendre ce second voyage, contre l'avis de tous mes amis et de tous mes parents.

Dans cette terrible agitation, je ne pouvais m'empêcher de songer au pays de Lilliput, dont les habitants m'avaient regardé comme le plus grand prodige qui eût jamais paru dans le monde ; où j'étais capable d'entraîner une flotte entière d'une seule main, et de faire d'autres actions merveilleuses, dont la mémoire sera éternellement conservée dans les chroniques de cet Empire, pendant que la postérité les croira avec peine, quoique attestées par une nation entière. Je fis réflexion quelle mortification ce serait pour moi, de paraître aussi misérable aux yeux de la nation parmi laquelle je me trouvais alors, qu'un Lilliputien le serait parmi nous. Mais je regardais cela comme le moindre de mes malheurs; car on remarque que les créatures humaines sont ordinairement plus sauvages et plus cruelles, à raison de leur taille ; et, en faisant cette réflexion, que pouvais-je attendre, sinon d'être bientôt un morceau dans la bouche du premier de ces barbares énormes qui me saisirait ? En vérité, les philosophes ont raison, quand ils nous disent qu'il n'y a rien de grand ou de petit que par comparaison. Peut-être que les Lilliputiens trouveront quelque nation plus petite à leur égard, qu'ils ne me le parurent ; et qui sait si cette race prodigieuse de mortels ne serait pas une nation Lilliputienne, par rapport à celle de quelque pays que nous n'avons pas encore découvert? Mais, effrayé et confus comme j'étais, je ne fis pas alors toutes ces réflexions philosophiques.

Il me fut impossible d'aller plus loin.

Un des moissonneurs s'approchant à cinq toises du sillon où j'étais couché, me fit craindre que s'il faisait encore un pas, je ne fusse écrasé sous son pied ou coupé en deux par sa faucille ; c'est pourquoi le voyant prêt de lever le pied et d'avancer, je me mis à jeter des cris pitoyables et aussi forts que la frayeur dont j'étais saisi me le put permettre. Aussitôt le géant s'arrêta, se mit à regarder autour et au-dessous de lui avec attention. Il m'aperçut enfin. Il me considéra quelque temps avec la circonspection d'un homme qui tâche d'attraper un petit animal dangereux, de manière qu'il n'en soit ni égratigné ni mordu, comme j'avais fait moi-même quelquefois à l'égard d'une belette en Angleterre. Enfin, il eut la hardiesse de me prendre par les hanches, et de me lever à une toise et demie de ses yeux, afin d'observer ma figure plus exactement. Je devinai son intention, et je résolus de ne faire aucune résistance, tandis qu'il me tenait en l'air à plus de soixante pieds de terre, quoiqu'il me serrât très cruellement, par la crainte qu'il avait que je ne glisse entre ses doigts. Tout ce que j'osai faire fut de lever mes yeux vers le soleil, de mettre mes mains dans la posture d'un suppliant, et de dire quelques mots d'un accent très humble et très triste, conformément à l'état où je me trouvais alors ; car je craignais à chaque instant qu'il ne voulût m'écraser, comme nous écrasons d'ordinaire certains petits animaux odieux, que nous voulons faire périr. Mais il parut content de ma voix et de mes gestes ; et il commença à me regarder comme quelque chose de curieux, étant bien surpris de m'entendre articuler des mots, quoiqu'il ne les comprît pas.

Cependant je ne pouvais m'empêcher de gémir et de verser des larmes ; et en tournant la tête, je lui faisais entendre, autant que je pouvais, combien il me faisait de mal par son pouce et par son doigt. Il me parut qu'il comprenait la douleur que je ressentais ; car levant un pan de son juste-au-corps, il me mit doucement dedans ; et aussitôt il courut vers son maître, qui était un riche laboureur, et le même que j'avais vu d'abord dans le champ.

Le laboureur prit un petit brin de paille, environ de la grosseur d'une canne dont nous nous appuyons en marchant, et avec ce brin leva les pans de mon juste-au-corps qu'il me parut prendre pour une espèce de couverture que la nature m'avait donnée. Il souffla mes cheveux pour mieux voir mon visage. Il appela ses valets et leur demanda (autant que j'en pus juger) s'ils n'avaient jamais vu dans les champs aucun animal qui me ressemblât. Ensuite il me plaça doucement à terre sur les quatre pieds ; mais je me levai aussitôt, et marchai gravement, allant et venant, pour faire voir que je n'avais pas envie de m'enfuir. Ils s'assirent tous en rond autour de moi, pour mieux observer mes mouvements ; j'ôtai mon chapeau, et je fis une révérence très soumise au paysan, je me jetai à ses genoux, je levai les mains et la tête, et je prononçai plusieurs mots aussi fortement que je pus.

Je tirai une bourse pleine d'or de ma poche, et la lui présentai très humblement. Il la reçut dans la paume de sa main et la porta bien près de son

Il me considéra quelque temps avec circonspection.

œil pour voir ce que c'était, et ensuite la tourna plusieurs fois avec la pointe d'une épingle, qu'il tira de sa manche, mais il n'y comprit rien. Sur cela, je lui fis signe qu'il mît sa main à terre, et prenant la bourse, je l'ouvris et répandis toutes les pièces d'or dans sa main. Il y avait six pièces espagnoles de quatre pistoles chacune, sans compter vingt ou trente pièces plus petites. Je le vis mouiller son petit doigt sur sa langue, et lever une de mes pièces les plus grosses, et ensuite une autre ; mais il me sembla tout à fait ignorer ce que c'était. Il me fit signe de les remettre dans ma bourse, et la bourse dans ma poche.

Le laboureur fut alors persuadé qu'il fallait que je fusse une petite créature raisonnable. Il me parla très souvent, mais le son de sa voix m'étourdissait les oreilles, comme celui d'un moulin à eau ; cependant ses mots étaient bien articulés. Je répondis aussi fortement que je pus en plusieurs langues, et souvent il appliqua son visage à une toise de moi, mais inutilement. Ensuite il renvoya ses gens à leur travail, et tirant son mouchoir de sa poche, il le plia en deux et l'étendit sur sa main gauche qu'il avait mise à terre, me faisant signe d'entrer dedans, ce que je pus faire aisément, car elle n'avait pas plus d'un pied d'épaisseur. Je crus devoir obéir ; et de peur de tomber, je me couchai tout de mon long sur le mouchoir dont il m'enveloppa, et de cette façon il m'emporta chez lui. Là, il appela sa femme, et me montra à elle ; mais elle jeta des cris effroyables et recula, comme font les femmes en Angleterre à la vue d'un crapaud ou d'une araignée. Cependant, lorsqu'au bout de quelque temps elle eut vu toutes mes manières, et comment

Il appela sa femme et me montra à elle.

j'observais les signes que faisait son mari, elle commença à m'aimer très tendrement.

Il était environ l'heure de midi ; un domestique servit le dîner. Ce

A table chez le laboureur.

n'était (suivant l'état simple d'un laboureur) que de la viande grossière dans un plat d'environ vingt-quatre pieds de diamètre. Le laboureur, sa femme, trois enfants et une vieille grand'mère composaient la compagnie. Lorsqu'ils furent assis, le fermier me plaça à quelque distance de lui sur la table, qui était à peu près haute de trente pieds ; je me tins aussi loin que je pus du bord, de crainte de tomber. La femme coupa un morceau de viande, ensuite elle émietta du pain sur une assiette de bois qu'elle plaça devant moi. Je lui fis une révérence très humble, et tirant mon couteau et ma fourchette, je me mis à manger, ce qui leur donna un très grand plaisir. La maîtresse envoya sa servante chercher une petite tasse qui servait à boire des liqueurs, et qui contenait environ douze pintes, et la remplit de boisson. Je levai le vase avec une grande difficulté ; et d'une manière très respectueuse, je bus à la santé de madame, exprimant les mots aussi fortement que je pouvais en anglais ; ce qui fit faire à la compagnie de si grands éclats de rire, que peu s'en fallut que je n'en devinsse sourd. Cette boisson avait à peu près le goût du petit cidre, et n'était pas désagréable. Le maître me fit signe de venir à côté de son assiette de bois ; mais en marchant trop vite sur la table, une petite croûte de pain me fit broncher et tomber sur le

C'était un chat qui miaulait.

visage, sans pourtant me blesser. Je me levai aussitôt, et remarquant que ces bonnes gens en étaient fort touchés, je pris mon chapeau, et le faisant tourner sur ma tête, je fis trois acclamations pour marquer que je n'avais point reçu de mal. Mais en avançant vers mon maître (c'est le nom que je lui donnerai désormais) le dernier de ses fils, qui était assis le plus proche de lui, et qui était très malin et âgé d'environ dix ans, me prit par les jambes, et me tint si haut dans l'air, que je me trémoussai de tout mon corps. Son père m'arracha d'entre ses mains, et en même temps lui donna sur l'oreille gauche un si grand soufflet, qu'il en aurait presque renversé une troupe de cavalerie européenne, et en même temps lui ordonna de se lever de table. Mais ayant à craindre que le garçon ne gardât quelque ressentiment contre moi, et me souvenant que tous les enfants chez nous sont naturellement méchants à l'égard des oiseaux, des lapins, des petits chats et des petits chiens, je me mis à genoux ; et montrant le garçon du doigt, je me fis entendre à mon maître autant que je pus, et le priai de pardonner à son fils. Le père y consentit, et le garçon reprit sa chaise ; alors je m'avançai jusqu'à lui, et lui baisai la main.

J'eus moins d'appréhension avec les chiens.

Au milieu du dîner, le chat favori de ma maîtresse sauta sur elle. J'entendis derrière moi un bruit ressemblant à celui de douze faiseurs de bas au métier, et tournant ma tête je trouvai que c'était un chat qui miaulait. Il me parut trois fois plus grand qu'un bœuf, comme je le jugeai en voyant sa tête et une de ses pattes, pendant que sa maîtresse lui donnait à manger, et lui faisait des caresses. La férocité du visage de cet animal me déconcerta tout à fait, quoique je me tinsse au bout le plus éloigné de la table, à la distance de cinquante pieds, et quoique ma maîtresse tînt le chat, de peur qu'il ne s'élançât sur moi. Mais il n'y eut point d'accident, et le chat m'épargna.

L'enfant mit ma tête dans sa bouche.

Mon maître me plaça à une toise et demie du chat; et comme j'ai toujours éprouvé que lorsque l'on fuit devant un animal féroce, ou que l'on paraît en avoir peur, c'est alors qu'on est infailliblement poursuivi, je résolus de faire bonne contenance devant le chat, et de ne point paraître craindre ses griffes. Je marchai hardiment devant lui, et je m'avançai jusqu'à dix-huit pouces, ce qui le fit reculer, comme s'il eût eu lui-même peur de moi. J'eus moins d'appréhension des chiens. Trois ou quatre entrèrent dans la salle, entre lesquels il y avait un mâtin d'une grosseur égale à celle de quatre éléphants, et un lévrier un peu plus haut que le mâtin, mais moins gros.

Sur la fin du dîner, la nourrice entra portant entre ses bras un enfant de l'âge d'un an, qui aussitôt qu'il m'aperçut poussa des cris si forts, qu'on aurait pu, je crois, les entendre facilement du pont de Londres jusqu'à Chelsea. L'enfant, me regardant comme une poupée ou une babiole, criait afin de m'avoir pour lui servir de jouet. La mère m'éleva et me donna à l'enfant qui se saisit bientôt de moi et mit ma tête dans sa bouche, où je commençai à hurler si horriblement, que l'enfant effrayé me laissa tomber. Je me serais infailliblement cassé la tête, si la mère n'avait pas tenu son tablier sous moi. La nourrice, pour apaiser le poupon, se servit d'un hochet qui était un gros pilier creux, rempli de grosses pierres, et attaché par un câble au milieu du corps de l'enfant; mais cela ne put l'apaiser, et elle se trouva réduite à se servir du dernier remède, qui fut de lui donner à téter.

Après le dîner, mon maître alla retrouver ses ouvriers, et, à ce que je pus comprendre par sa voix et par ses gestes, il chargea sa femme de prendre un grand soin de moi. J'étais bien las et j'avais une grande envie de dormir; ce que ma maîtresse apercevant, elle me mit dans son lit, et me couvrit avec un mouchoir blanc, mais plus large que la grande voile d'un vaisseau de guerre.

Je fendis le ventre à l'un des rats.

Je dormis pendant deux heures, et songeai que j'étais chez moi avec ma femme et mes enfants, ce qui augmenta mon affliction quand je m'éveillai et me trouvai tout seul dans une chambre vaste de deux ou trois cents pieds de largeur, et de plus de deux cents pieds de hauteur, et couché dans un lit large de dix toises. Ma maîtresse était sortie pour les affaires de la maison, et m'avait enfermé au verrou. Le lit était élevé de quatre toises; cependant désireux de descendre, je n'osais appeler : quand j'eusse essayé c'eût été inutilement avec une voix comme la mienne, et la grande distance de la chambre où j'étais à la cuisine où la famille se tenait. Sur ces entrefaites, deux rats grimpèrent le long des rideaux, et se mirent à courir sur le lit. L'un approcha de mon visage; sur quoi je me levai tout effrayé et mis le sabre à la main pour me défendre. Ces animaux horribles eurent l'insolence de m'attaquer des deux côtés; mais je fendis le ventre à l'un, et l'autre s'enfuit. Après cet exploit, je me couchai pour me reposer, et reprendre mes esprits. Ces animaux étaient de la grosseur d'un mâtin, mais infiniment plus agiles et plus féroces; en sorte que si j'eusse ôté mon ceinturon, et mis bas mon sabre, avant que de me coucher, j'aurais été infailliblement dévoré par deux rats.

Bientôt après ma maîtresse entra dans la chambre, et me voyant tout couvert de sang, elle accourut, et me prit dans sa main. Je lui montrai avec mon doigt le rat mort, en souriant et lui faisant d'autres signes, pour lui faire entendre que je n'étais pas blessé ; ce qui lui donna de la joie. Je tâchai de lui faire entendre que je souhaitais fort qu'elle me mît à terre, ce qu'elle fit.

Je lui montrai le rat mort.

Elle sut m'habiller et me déshabiller.

II

Portrait de la fille du laboureur; l'auteur est conduit à une ville où il y avait un marché, et ensuite à la capitale. Détails de son voyage.

Ma maîtresse avait une fille de l'âge de neuf ans, enfant qui avait beaucoup d'esprit pour son âge. Sa mère, de concert avec elle, s'avisa d'accommoder pour moi le berceau de sa poupée avant qu'il fût nuit. Le berceau fut mis dans un petit tiroir de cabinet, et le tiroir posé sur une tablette suspendue, de peur des rats : ce fut là mon lit pendant tout le temps que je demeurai avec ces bonnes gens. Cette jeune fille était si adroite, qu'après que je me fus déshabillé une ou deux fois en sa présence, elle sut m'habiller et me déshabiller quand il lui plaisait, quoique je ne lui donnasse cette peine que pour lui obéir. Elle me fit six chemises, et d'autres sortes de linge de la toile la plus fine qu'on put trouver (qui à la vérité était plus grossière que des toiles de navire) et les blanchit toujours elle-même. Ma blanchisseuse était encore ma maîtresse d'école, qui m'apprenait la langue. Quand je montrais quelque chose du doigt, elle m'en disait le nom aussitôt; en sorte qu'en peu de temps je fus en état de demander presque tout ce que je souhaitais : elle avait en vérité un très bon naturel. Elle me donna le nom de Grildrig, mot qui signifie ce que les Latins appellent Homunculus. C'est à elle que je fus redevable de ma conservation : nous étions toujours ensemble; je l'appelais Glumdalclitch, ou la petite nourrice; et je serais coupable d'une très noire ingratitude, si j'oubliais jamais ses soins et son affection pour moi : je souhaite de tout mon cœur être un jour en état de les reconnaître, au lieu d'être peut-être l'innocente, mais malheureuse cause de sa disgrâce, comme j'ai trop de lieu de l'appréhender.

Cet homme mit des lunettes pour me regarder.

Il se répandit alors dans tout le pays que mon maître avait trouvé un petit animal dans les champs, environ de la grosseur d'un Splacknock (animal de ce pays long d'environ six pieds) et de la même figure qu'une créature humaine; qu'il imitait l'homme dans toutes ses actions, et semblait parler une petite espèce de langue qui lui était propre; qu'il avait déjà appris plusieurs de leurs mots; qu'il marchait droit sur les deux pieds, était doux et traitable, venait quand il était appelé, faisait tout ce qu'on lui ordonnait de faire, avait les membres délicats, et un teint plus blanc et plus fin que celui de la fille d'un seigneur à l'âge de trois ans. Un laboureur voisin et intime ami de mon maître lui rendit visite exprès pour examiner la vérité du bruit qui s'était répandu. On me fit venir aussitôt; on me mit sur une table, où je marchai comme on me l'ordonna. Je tirai mon sabre, et le remis dans son fourreau. Je fis la révérence à l'ami de mon maître, je lui demandai dans sa propre langue comment il se portait, et lui dis qu'il était le bienvenu ; le tout suivant les instructions de ma petite maîtresse. Cet homme à qui le grand âge avait fort affaibli la vue, mit ses lunettes pour me regarder mieux; sur quoi je ne pus m'empêcher d'éclater de rire. Les gens de la famille qui découvrirent la cause de ma gaieté, se prirent aussi à rire, de quoi le vieux sot fut assez bête pour se fâcher. Il avait l'air d'un avare, et il le fit bien paraître, par le conseil détestable qu'il donna à mon maître de me faire voir pour de l'argent, à quelque jour de marché, dans la ville prochaine qui était éloignée de notre maison environ de vingt-deux milles. Je devinai qu'il y avait quelque dessein sur le tapis, lorsque mon maître et son ami se parlèrent tout bas à l'oreille pendant un assez long temps, en me regardant et me montrant au doigt.

Le lendemain au matin Glumdalclitch, ma petite maîtresse, me confirma dans ma pensée en me racontant toute l'affaire, qu'elle avait apprise de sa mère. La pauvre fille me mit dans son sein, et versa beaucoup de larmes. Elle appréhendait qu'il ne m'arrivât du mal, que je ne fusse froissé, estropié et peut-être écrasé par des hommes grossiers et brutaux qui me manieraient rudement. Comme elle avait remarqué que j'étais modeste de mon naturel et très délicat dans tout ce qui regardait mon honneur, elle gémissait de me voir exposé pour de l'argent, à la curiosité du plus bas peuple. Elle disait que son papa et sa maman lui avaient promis que Grildrig serait tout à elle ; mais qu'elle voyait bien qu'on la voulait tromper, comme on avait fait l'année dernière, quand on feignit de lui donner un agneau, qui, quand il fut gras, fut vendu à un boucher. Quant à moi, je puis dire en vérité que j'eus moins de chagrin que ma petite maîtresse. J'avais conçu de grandes espérances, qui ne m'abandonnèrent jamais, que je recouvrerais un jour ma liberté : et à l'égard de l'ignominie d'être porté çà et là, comme un monstre, je songeais qu'une telle disgrâce ne me pourrait jamais être reprochée et ne flétrirait point mon honneur, lorsque je serais de retour en Angleterre, parce que le roi même de la Grande-Bretagne, s'il se trouvait en pareille situation, aurait un même sort.

Mon maître, suivant l'avis de son ami, me mit dans une caisse, et le jour du marché suivant, me mena à la ville prochaine, avec sa petite fille. La caisse était fermée de tous côtés, et était seulement percée de quelques trous pour laisser entrer l'air. La fille avait pris le soin de mettre sous moi le matelas du lit de sa poupée : néanmoins je fus horriblement agité et rudement secoué dans ce voyage, qui ne dura cependant pas plus d'une demi-heure. Le cheval faisait à chaque pas environ quarante pieds, et trottait si haut, que l'agita-

Je pris un dé plein de vin et je bus à leur santé.

tion était égale à celle d'un vaisseau, dans une tempête furieuse : le chemin était un peu plus long que de Londres à Saint-Alban. Mon maître descendit de cheval à une auberge, où il avait coutume d'aller; et après avoir pris conseil avec l'hôte, et avoir fait quelques préparatifs nécessaires, il loua le Glultrud ou le crieur public, pour donner avis à toute la ville d'un petit animal étranger, qu'on ferait voir à l'enseigne de l'Aigle verte, qui était moins gros qu'un Splacknock, et ressemblant dans toutes les parties de son corps à une créature humaine; qui pouvait prononcer plusieurs mots, et faire une infinité de tours d'adresse.

Un petit écolier me jeta une noisette à la tête.

Je fus posé sur une table dans la salle la plus grande de l'auberge, qui était presque large de trois cents pieds en carré. Ma petite maîtresse se tenait debout sur un tabouret bien près de la table, pour prendre soin de moi, et m'instruire de ce qu'il fallait faire. Mon maître, pour éviter la foule et le désordre, ne voulut pas permettre que plus de trente personnes entrassent à la fois pour me voir. Je marchai çà et là sur la table, suivant les ordres de la fille; elle me fit plusieurs questions, qu'elle sut être à ma portée, et proportionnées à la connaissance que j'avais de la langue, et je répondis le mieux et le plus haut que je pus. Je me retournai plusieurs fois vers toute la compagnie, et fis mille révérences. Je pris un dé plein de vin que Glumdalclitch m'avait donné pour un gobelet, et je bus à leur santé. Je tirai mon sabre et fit le moulinet, à la façon des maîtres d'armes d'Angleterre. La fille me donna un bout de paille, dont je fis l'exercice comme d'une pique, ayant appris cela dans ma jeunesse. Je fus montré ce jour-là douze fois, et fus obligé de répéter toujours les mêmes choses jusqu'à ce que je fusse presque mort de lassitude, d'ennui et de chagrin.

Les gentilshommes du voisinage.

Ceux qui m'avaient vu firent de tous côtés des rapports si merveilleux, que le peuple voulait ensuite enfoncer les portes pour entrer. Mon maître, ayant en vue ses propres intérêts, ne voulut permettre à personne de me toucher, excepté à ma petite maîtresse, et pour me mettre plus à couvert de tout accident, on avait rangé des bancs autour de la table, à une telle distance que je ne fusse à portée d'aucun spectateur. Cependant un petit écolier malin me jeta une noisette à la tête, et il s'en fallut peu qu'il ne m'attrapât. Elle fut jetée avec tant de force, que s'il n'eût pas manqué son coup elle m'aurait infailliblement fait sauter la cervelle, car elle était pres-

Mon maître fit monter sa fille en croupe derrière lui.

que aussi grosse qu'un melon; mais j'eus la satisfaction de voir le petit écolier chassé de la salle.

Mon maître fit afficher qu'il me ferait voir encore le jour du marché suivant; cependant il me fit faire une voiture plus commode, vu que j'avais été si fatigué de mon premier voyage, et du spectacle que j'avais donné pendant huit heures de suite, que je ne pouvais plus me tenir debout, et que j'avais presque perdu la voix. Pour m'achever, lorsque je fus de retour, tous les gentilshommes du voisinage ayant entendu parler de moi, se rendirent à la maison de mon maître. Il y en avait un jour plus de trente avec leurs femmes et leurs enfants.

Mon maître, considérant le profit que je pouvais lui rapporter, résolut de me faire voir dans les villes du royaume les plus considérables. S'étant donc fourni de toutes les choses nécessaires à un long voyage, après avoir réglé ses affaires domestiques, et dit adieu à sa femme le 17 août 1703, environ deux mois après mon arrivée, nous partîmes pour nous rendre à la capitale, située vers le milieu de cet empire, et environ à quinze cents lieues de notre demeure. Mon maître fit monter sa fille en croupe derrière lui; elle me porta dans une boîte attachée autour de son corps, doublée du drap le plus fin qu'elle avait pu trouver.

Le dessein de mon maître fut de me faire voir sur la route, dans toutes les villes, bourgs et villages un peu fameux, et de parcourir même les châteaux de la noblesse, qui l'éloigneraient peu de son chemin. Nous faisions de petites journées seulement de quatre-vingts ou cent lieues, car Glumdalclitch, exprès pour m'épargner de la fatigue, se plaignit qu'elle était bien incommodée du trot du cheval. Souvent elle me tirait de la caisse pour me donner de l'air, et me faire voir le pays. Nous passâmes cinq ou six rivières plus larges et plus profondes que le Nil et le Gange, et il n'y avait guère de ruisseau qui ne fût plus grand que la Tamise au pont de Londres. Nous fûmes trois semaines dans notre voyage, je fus montré dans dix-huit grandes villes, sans compter plusieurs villages et plusieurs châteaux de la campagne.

Je fus montré dans dix-huit grandes villes.

Le vingt-sixième jour d'octobre nous arrivâmes à la capitale appelée dans leur langue « Lorbrulgrud », ou « l'Orgueil de l'Univers ». Mon maître loua un appartement dans la rue principale de la ville, peu éloignée du palais royal, et distribua, selon la coutume, des affiches contenant une description merveilleuse de ma personne et de mes talents. Il loua une très grande salle de trois ou quatre cents pieds de large, où il plaça une table de soixante pieds de diamètre, sur laquelle je devais jouer mon rôle; il la fit entourer de palissades pour m'empêcher de tomber en bas. C'est sur cette table qu'on me montra dix fois par jour, au grand étonnement et à la satisfaction de tout le peuple. Je savais alors passablement parler la langue, et j'entendais parfaitement tout ce qu'on disait de moi; d'ailleurs

Arrivée à la capitale.

j'avais appris leur alphabet, et je pouvais, quoiqu' avec peine, lire et expliquer les livres, car Glumdalclitch m'avait donné des leçons chez son père, et aux heures de loisir pendant notre voyage. Elle portait un petit livre dans sa poche, un peu plus gros qu'un volume d'atlas, livre à l'usage des jeunes filles, et qui était une espèce de catéchisme en abrégé; elle s'en servait pour m'enseigner les lettres de l'alphabet, et elle m'en interprétait les mots.

Elle m'enseignait les lettres de l'alphabet.

Sa Majesté et sa suite furent extrêmement diverties de mes manières.

III

L'Auteur mandé pour se rendre à la Cour, la Reine l'achète et le présente au Roi. Il dispute avec les savants de Sa Majesté. On lui prépare un appartement. Il soutient l'honneur de son pays. Ses querelles avec le nain de la Reine.

Les peines et les fatigues qu'il me fallait essuyer chaque jour, apportèrent un changement considérable à ma santé. Car plus mon maître gagnait, plus il devenait insatiable. J'avais perdu entièrement l'appétit, et j'étais presque devenu un squelette. Mon maître s'en aperçut, et jugeant que je mourrais bientôt, résolut de me faire valoir autant qu'il pourrait. Pendant qu'il raisonnait de cette façon, un Slardral ou écuyer du roi vint ordonner à mon maître de m'amener incessamment à la Cour, pour le divertissement de la reine et de toutes les dames. Quelques-unes de ces dames m'avaient déjà vu, et avaient rapporté des choses merveilleuses de ma figure mignonne, de mon maintien gracieux et de mon esprit délicat. Sa Majesté et sa suite furent extrêmement diverties de mes manières. Je me mis à genoux, et demandai d'avoir l'honneur de baiser son pied royal. Mais cette princesse gracieuse me présenta son petit doigt que j'embrassai entre mes deux bras, et dont j'appliquai le bout avec respect à mes lèvres. Elle me fit des questions générales touchant mon pays et mes voyages, auxquelles je répondis aussi distinctement et en aussi peu de mots que je pus. Elle me demanda si je serais bien aise de vivre à la Cour; je fis la révérence jusqu'au bas de la table sur laquelle j'étais monté, je répondis humblement que j'étais l'esclave de mon maître, mais que, s'il ne dépendait que de moi, je serais charmé de consacrer ma vie au service de Sa Majesté. Elle demanda ensuite à mon maître s'il voulait me vendre. Lui qui s'imaginait que je n'avais pas un mois à vivre, fut ravi de la proposition, et fixa le prix de ma vente à mille pièces d'or, qu'on lui compta sur-le-champ. Je dis alors à la reine que puisque j'étais devenu un humble esclave de Sa Majesté, je lui demandais que Glumdalclitch qui avait toujours eu pour moi tant d'attention, d'amitié et de soin, fût admise à l'honneur de son service, et continuât d'être ma gouvernante. Sa Majesté y consentit et y fit consentir le laboureur qui était bien aise de voir sa fille à la Cour. Pour la pauvre fille elle ne pouvait cacher sa joie. Mon maître se retira, et me dit en partant qu'il me laissait dans un bon endroit; à quoi je ne répliquai que par une révérence cavalière.

La reine remarqua la froideur avec laquelle j'avais reçu le compliment et l'adieu du laboureur, et m'en demanda la cause; je pris la liberté de répondre à Sa Majesté, que je n'avais point d'autre obligation à mon dernier maître, que celle de n'avoir pas écrasé un pauvre animal innocent trouvé dans son champ; que ce bienfait avait été assez bien payé par le profit qu'il avait fait en me montrant pour de l'argent, et par le prix qu'il venait de recevoir en me vendant, que ma santé était très altérée par mon esclavage et par l'obligation continuelle d'entretenir et d'amuser le menu peuple à toutes les heures du jour, et que si mon maître n'avait pas cru ma vie en danger, Sa Majesté ne m'aurait pas eu à si bon marché, mais que, comme je n'avais pas lieu de craindre d'être désormais si malheureux sous la protection d'une princesse si grande et si bonne, l'ornement de la nature, l'admiration du monde, les délices de ses sujets et le phénix de la création, j'espérais que l'appréhension qu'avait eue mon dernier maître serait vaine, puisque je trouvais déjà mes esprits ranimés par l'influence de sa présence très auguste.

Tel fut le sommaire de mon discours prononcé avec plusieurs barbarismes, et en hésitant souvent.

La Reine me porta au Roi.

La reine, qui excusa avec bonté les défauts de ma harangue, fut surprise de trouver tant d'esprit et de bon sens dans un petit animal ; elle me prit dans ses mains, et sur-le-champ me porta au roi qui était alors retiré dans son cabinet. Sa Majesté, prince très sérieux et d'un visage austère, ne remarquant pas bien ma figure à la première vue, demanda froidement à la reine depuis quand elle était devenue si amoureuse d'un Splacknock (car il m'avait pris pour cet insecte). Mais la reine qui avait infiniment d'esprit, me mit doucement debout sur l'écritoire du roi, et m'ordonna de dire moi-même à Sa Majesté ce que j'étais. Je le fis en très peu de mots, et Glumdalclitch qui était restée à la porte du cabinet, ne pouvant pas souffrir que je fusse longtemps hors de sa présence, entra et dit à Sa Majesté comment j'avais été trouvé dans un champ.

Sa Majesté le Roi.

Le roi, aussi savant qu'aucune personne de ses États, avait été élevé dans l'étude de la philosophie, et surtout des mathématiques; cependant quand il vit de près ma figure et ma démarche, avant que j'eusse commencé à parler, il s'imagina que je pourrais être une machine artificielle comme celle d'un tournebroche, ou tout au plus d'une horloge inventée et exécutée par un habile artiste. Mais quand il eut entendu ma voix, et qu'il eut trouvé du raisonnement dans les petits sons que je rendais, il ne put cacher son étonnement et son admiration.

Il envoya chercher trois fameux savants qui alors étaient de quartier à la Cour et dans leur semaine de service (selon la coutume admirable de ce pays). Ces Messieurs, après avoir examiné ma figure avec beaucoup d'exac-

Il envoya chercher trois fameux savants.

titude, raisonnèrent différemment sur mon sujet. Ils convenaient tous que je ne pouvais pas être produit suivant les lois ordinaires de la nature, parce que j'étais dépourvu de la faculté naturelle de conserver ma vie, soit par l'agilité, soit par la facilité de grimper sur un arbre, soit par le pouvoir de creuser la terre, et d'y faire des trous pour m'y cacher comme les lapins. Mes dents qu'ils considérèrent longtemps, les firent conjecturer que j'étais un animal carnassier.

Un de ces philosophes avança que j'étais un pur avorton. Mais cet avis fut rejeté par les deux autres qui observèrent que mes membres étaient parfaits et achevés dans leur espèce, et que j'avais vécu plusieurs années, ce qui parut évident par ma barbe, dont les poils se découvraient avec un microscope. On ne voulut pas décider que j'étais un nain, parce que ma petitesse était hors de comparaison, car le nain favori de la reine, le plus petit qu'on eût jamais vu dans ce royaume, avait près de trente pieds de haut. Après un grand débat, on conclut unanimement que je n'étais qu'un « Relplum scalcath », qui étant interprété littéralement, veut dire jeu de la nature ; décision très conforme à la philosophie moderne de l'Europe, dont les professeurs, dédaignant le vieux subterfuge des causes occultes à la faveur duquel les sectateurs d'Aristote tâchent de masquer leur ignorance, ont inventé cette solution merveilleuse de toutes les difficultés de la physique. Admirable progrès de la science humaine !

Après cette conclusion décisive, je pris la liberté de dire quelques mots ; je m'adressai au roi, et protestai à Sa Majesté que je venais d'un pays où mon espèce était répandue en plusieurs millions d'individus des deux sexes ; où les animaux, les arbres et les maisons étaient proportionnés à ma petitesse, et où, par conséquent, je pouvais être aussi bien en état de me défendre et de trouver ma nourriture, mes besoins et mes commodités, qu'aucun des sujets de Sa Majesté. Cette réponse fit sourire dédaigneusement les philosophes, qui répliquèrent que le laboureur m'avait bien instruit, et que je savais ma leçon. Le roi, qui avait un esprit bien plus éclairé, congédiant ses savants, envoya chercher le laboureur qui, par bonheur, n'était pas encore sorti de la ville. L'ayant donc d'abord examiné en particulier, et puis l'ayant confronté avec moi et avec la jeune fille, Sa Majesté commença à croire que ce que je lui avais dit pouvait être vrai. Il pria la reine de donner ordre qu'on prît un soin particulier de moi, et fut d'avis qu'il me fallait laisser sous la conduite de Glumdalclitch, ayant remarqué que nous avions une grande affection l'un pour l'autre.

Ma chambre à coucher.

La reine donna ordre à son ébéniste de faire une boîte qui me pût servir de chambre à coucher, suivant le modèle que Glumdalclitch et moi lui donnerions. Cet homme, qui était un ouvrier très adroit, me fit en trois semaines une chambre de bois de seize pieds en carré, et de douze de haut, avec des fenêtres, une porte et deux cabinets.

Le nain de la Reine.

Un ouvrier excellent, qui était célèbre pour les petits bijoux curieux, entreprit de me faire deux chaises d'une matière semblable à l'ivoire et deux tables avec une armoire pour mettre mes hardes ; ensuite la reine fit chercher chez les marchands les étoffes de soie les plus fines, pour me faire des habits.

Cette princesse goûtait si fort mon entretien, qu'elle ne pouvait dîner sans moi ; j'avais une table placée sur celle où Sa Majesté mangeait, avec une chaise sur laquelle je me pouvais asseoir. Glumdalclitch était debout sur un tabouret près de la table, pour pouvoir prendre soin de moi.

Un jour le prince, en dînant, prit plaisir à s'entretenir avec moi, me faisant des questions touchant les mœurs, la religion, les lois, le gouvernement, et la littérature de l'Europe, et je lui en rendis compte le mieux que je pus. Son esprit était si pénétrant et son jugement si solide, qu'il fit des réflexions et des observations très sages sur tout ce que je lui dis. Lui ayant parlé des deux partis qui divisent l'Angleterre, il me demanda si j'étais un Whig ou un Tory. Puis, se tournant vers son premier ministre, qui se tenait derrière lui, ayant à la main un bâton blanc presque aussi haut que le grand

Il me laissa tomber dans un plat de lait.

mât du *Souverain Royal :* « Hélas, dit-il, que la grandeur humaine est peu de chose, puisque de vils insectes ont aussi de l'ambition, avec des rangs et des distinctions parmi eux ! Ils ont de petits lambeaux dont ils se parent, des trous, des cages, des boîtes, qu'ils appellent des palais et des hôtels, des

Le rivage de Brobdignac.

équipages, des livrées, des titres, des charges, des occupations, des passions comme nous. Chez eux on aime, on hait, on trompe, on trahit, comme ici. » C'est ainsi que Sa Majesté philosophait à l'occasion de ce que je lui avais dit de l'Angleterre, et moi j'étais confus et indigné de voir ma patrie, la maîtresse des arts, la souveraine des mers, l'arbitre de l'Europe, la gloire de l'univers, traitée avec tant de mépris.

Il n'y avait rien qui m'offensât et me chagrinât plus que le nain de la reine, qui étant de la taille la plus petite qu'on eût jamais vue dans ce pays, devint d'une insolence extrême, à la vue d'un homme beaucoup plus petit que lui. Il me regardait d'un air fier et dédaigneux, et raillait sans cesse ma petite figure. Je ne m'en vengeai qu'en l'appelant frère. Un jour, pendant le dîner, le malicieux nain, prenant le temps que je ne pensais à rien, me prit par le milieu du corps, m'enleva et me laissa tomber dans un plat de lait, et aussitôt s'enfuit. J'en eus par-dessus les oreilles, et, si je n'avais été un nageur excellent, j'aurais été infailliblement noyé. Glumdalclitch dans ce moment était par hasard à l'autre extrémité de la chambre. La reine fut si consternée de cet accident, qu'elle manqua de présence d'esprit pour m'assister, mais ma petite gouvernante me tira adroitement hors du plat, après que j'eus avalé plus d'une pinte de lait. On me mit au lit; cependant je ne reçus d'autre mal que la perte d'un habit qui fut tout à fait gâté. Le nain fut bien fouetté, et je pris quelque plaisir à voir cette exécution.

Je vais maintenant donner au lecteur une légère description de ce pays, autant que je l'ai pu connaître par ce que j'en ai parcouru. Toute l'étendue du royaume est environ de trois mille lieues de long et de deux mille cinq cents lieues de large; d'où je conclus que nos géographes de l'Europe se trompent, lorsqu'ils croient qu'il n'y a que la mer entre le Japon et la Californie. Je me suis toujours imaginé qu'il devait y avoir de ce côté-là un grand continent pour servir de contrepoids au grand continent de Tartarie; on doit donc corriger les cartes, et joindre cette vaste étendue de pays aux parties nord-ouest de l'Amérique, sur quoi je suis prêt d'aider les géographes de mes lumières. Ce royaume est une presqu'île terminée vers le nord par une chaîne de montagnes, qui ont environ trente milles de hauteur, et dont l'on ne peut approcher, à cause des volcans qui y sont en grand nombre sur la cime.

On prend quelquefois des baleines.

Les plus savants ne savent quelle espèce de mortels habite au delà de ces montagnes, ni même s'il y a des habitants. Il n'y a aucun port dans tout le royaume, et les endroits de la côte où les rivières vont se perdre dans la mer sont si pleins de rochers hauts et escarpés et la mer y est ordinairement si agitée, qu'il n'y a presque personne qui ose y aborder ; en sorte que

Les mendiants se rendirent en foule aux portières.

ces peuples sont exclus de tout commerce avec le reste du monde. Les grandes rivières sont pleines de poissons excellents; aussi c'est très rarement qu'on pêche dans l'Océan, parce que les poissons de mer sont de la même grosseur que ceux de l'Europe, et, par rapport à eux, ne méritent pas la peine d'être pêchés; d'où il est évident que la nature, dans la production des plantes et des animaux d'une grosseur si énorme, se borne tout à fait à ce continent, et, sur ce point, je m'en rapporte aux philosophes. On prend néanmoins quelquefois sur la côte des baleines, dont le petit peuple se nourrit et même se régale. J'ai vu une de ces baleines qui était si grosse qu'un homme du pays avait de la peine à la porter sur ses épaules. Quelquefois, par curiosité, on en apporte dans des paniers à Lorbrulgrud : j'en ai vu une dans un plat sur la table du roi.

Le pays est très peuplé, car il contient cinquante et une villes, près de cent bourgs entourés de murailles et un bien plus grand nombre de villages et de hameaux. Pour satisfaire le lecteur curieux, il suffira peut-être de donner la description de Lorbrulgrud. Cette ville est située sur une rivière qui la traverse et la divise en deux parties presque égales. Elle contient plus de quatre-vingt mille maisons et environ six cent mille habitants. Elle a en longueur trois glonglungs (qui sont environ cinquante-quatre milles d'Angleterre) et deux et demi en largeur, selon la mesure que j'en pris sur la carte royale, dressée par les ordres du roi, laquelle fut étendue sur la terre exprès pour moi, et était longue de cent pieds.

Le palais du roi est un bâtiment assez peu régulier. C'est plutôt un amas d'édifices, qui a environ sept milles de circuit ; les chambres principales sont hautes de deux cent quarante pieds et larges à proportion.

On donna un carrosse à Glumdalclitch et à moi, pour voir la ville, ses places et ses hôtels. Je supputai que notre carosse était environ en carré comme la salle de Westminster, mais pas tout à fait si haut. Un jour nous fîmes arrêter notre carrosse à plusieurs boutiques, où les mendiants, profitant de l'occasion, se rendirent en foule aux portières et me fournirent les spectacles les plus affreux qu'un œil anglais ait jamais vus. Comme ils étaient difformes, estropiés, sales, malpropres, couverts de plaies, de tumeurs et de vermines, et que tout cela me paraissait d'une grosseur énorme, je prie le lecteur de juger de l'impression que ces objets firent sur moi et de m'en épargner la description.

La reine qui m'entretenait souvent de mes voyages sur mer, cherchait toutes les occasions possibles de me divertir quand j'étais mélancolique. Elle me demanda un jour si j'aurais l'adresse de manier une voile et une rame, et si un peu d'exercice de ce genre ne serait pas convenable à ma santé. Je répondis que j'entendais tous les deux assez bien. Car, quoique mon emploi particulier eût été celui de chirurgien, c'est-à-dire médecin de vaisseau, je m'étais trouvé souvent obligé de travailler comme un matelot ; mais j'ignorais comment cela se pratiquait dans ce pays, où la plus petite barque était égale à un vaisseau de guerre de premier rang parmi nous ; d'ailleurs un navire proportionné à ma grandeur et à mes forces n'aurait pu flotter longtemps sur leurs rivières, et je n'aurais pu le gouverner. Sa Majesté me dit que, si je voulais, son menuisier me ferait une petite barque et qu'elle me trouverait un endroit où je pourrais naviguer. Le menuisier, suivant mes instructions, dans l'espace de dix jours, me construisit un petit navire avec tous ses cordages, capable de tenir commodément huit Européens.

Les dames me donnaient un coup de vent avec leurs éventails.

Quand il fut achevé, la reine donna ordre au menuisier de faire une auge de bois longue de trois cents pieds, large de cinquante et profonde de huit, laquelle étant bien goudronnée pour empêcher l'eau de s'échapper, fut posée sur le plancher, le long de la muraille, dans une salle extérieure du palais. Elle avait un robinet bien près du fond, pour laisser sortir l'eau de temps en temps, et deux domestiques la pouvaient remplir dans une demi-heure de temps. C'est là qu'on me fit ramer pour mon divertissement, aussi bien que pour celui de la reine et de ses dames, qui prirent beaucoup de plaisir à voir mon adresse et mon agilité. Quelquefois je haussais ma voile, et puis c'était mon affaire de gouverner pendant que les dames me donnaient un coup de vent avec leurs éventails ; et quand elles se trouvaient fatiguées, quelques-uns des pages poussaient et faisaient avancer le navire avec leur souffle, tandis que je signalais mon adresse à tribord et à bâbord, selon qu'il me plaisait. Quand j'avais fini, Glumdalclitch reportait mon navire dans son cabinet et le suspendait à un clou pour sécher.

Je l'obligeai à coups de rame à sauter dehors.

Dans cet exercice, il m'arriva une fois un accident qui pensa me coûter la vie, car un des pages ayant mis mon navire dans l'auge, une femme de la suite de Glumdalclitch me leva très officieusement pour me mettre dans le navire ; mais il arriva que je glissai d'entre ses doigts et j'aurais infailliblement tombé de la hauteur de quarante pieds sur le plancher si, par le plus heureux accident du monde, je n'eusse pas été arrêté par une grosse épingle qui était fichée dans le tablier de cette femme : la tête de l'épingle passa entre ma chemise et la ceinture de ma culotte, et ainsi je fus suspendu en l'air par mon derrière, jusqu'à ce que Glumdalclitch accourût à mon secours.

Une autre fois, un des domestiques, dont la fonction était de remplir mon auge d'eau fraîche de trois jours en trois jours, fut si négligent qu'il laissa échapper de son seau une grenouille très grosse sans l'apercevoir. La grenouille se tint cachée jusqu'à ce que je fusse dans mon navire; alors, voyant un endroit pour se reposer, elle y grimpa et le fit tellement pencher que je me trouvai obligé de faire contrepoids de l'autre côté, pour empêcher le navire de s'enfoncer ; mais je l'obligeai à coups de rame de sauter dehors.

Voici le plus grand péril que je courus dans ce royaume. Glumdalclitch m'avait enfermé au verrou dans son cabinet, étant sortie pour des affaires ou pour faire une visite. Le temps était très chaud, et la fenêtre du cabinet était ouverte, aussi bien que les fenêtres et la porte de ma boîte : pendant que j'étais assis tranquillement et mélancoliquement près de ma table, j'entendis quelque chose entrer dans le cabinet par la fenêtre et sauter çà et là. Quoique j'en fusse un peu alarmé, j'eus le courage de regarder dehors mais sans abandonner ma chaise ; et alors je vis un animal capricieux, bondissant et sautant de tous côtés, qui enfin s'approcha de ma boîte et la regarda avec une apparence de plaisir et de curiosité, mettant sa tête à la porte et à chaque fenêtre. Je me retirai au coin le plus éloigné de ma boîte; mais cet animal, qui était un singe, regardant dedans de tous côtés, me donna une telle frayeur que je n'eus pas la présence d'esprit de me cacher sous mon lit, comme je pouvais faire très facilement. Après bien des grimaces et des gambades, il me découvrit, et fourrant une de ses pattes par l'ouverture de la porte, comme fait un chat qui joue avec une souris, quoique je changeasse souvent de lieu pour me mettre à couvert de lui, il m'attrapa par les pans de mon justaucorps (qui, étant fait du drap de ce pays, était épais et très fort) et me tira dehors. Il me prit dans sa patte droite, et me tint comme une nourrice tient un enfant qu'elle va allaiter, et de la même façon que j'ai vu la même espèce d'animal faire

Je me retirai au coin le plus éloigné de ma boîte.

13

avec un jeune chat en Europe. Quand je me débattais il me pressait si fort que je crus que le parti le plus sage était de me soumettre et d'en passer par tout ce qui lui plairait. J'ai quelque raison de croire qu'il me prit pour un jeune singe, parce qu'avec son autre patte il flattait doucement mon visage.

Il fut tout à coup interrompu par un bruit à la porte du cabinet, comme si quelqu'un eût tâché de l'ouvrir : soudain, il sauta à la fenêtre par laquelle il était entré, et de là sur les gouttières, marchant sur trois pattes, et me tenant dans la quatrième, jusqu'à ce qu'il eût grimpé à un toit attenant au nôtre. J'entendis dans l'instant jeter des cris pitoyables à Glumdalclitch. La pauvre fille était au désespoir et ce quartier du palais était tout en tumulte : les domestiques coururent chercher des échelles; le singe fut vu par plusieurs personnes assis sur le faîte d'un bâtiment, me tenant comme une poupée dans une de ses pattes de devant et me donnant à manger avec l'autre, fourrant dans ma bouche quelques viandes qu'il avait attrapées et me tapant quand je ne voulais pas manger, ce qui faisait beaucoup rire la canaille qui me regardait, en quoi ils n'avaient pas tort; car, excepté pour moi, la chose était assez plaisante. Quelques-uns jetèrent des pierres, dans l'espérance de faire descendre le singe; mais on défendit de continuer, de peur de me casser la tête.

Les échelles furent appliquées, et plusieurs hommes montèrent. Aussitôt le singe effrayé décampa, et me laissa tomber dans une gouttière. Alors un des laquais de ma petite maîtresse, honnête garçon, grimpa, et me mettant dans la poche de sa culotte, me fit descendre en sûreté.

J'étais presque suffoqué des ordures que le singe avait fourrées dans mon gosier; mais ma chère petite maîtresse me fit vomir, ce qui me soulagea. J'étais si faible et si froissé des embrassades de cet animal, que je fus obligé de me tenir au lit pendant quinze jours. Le roi et toute la Cour envoyèrent chaque jour, pour demander des nouvelles de ma santé, et la reine me fit plusieurs visites pendant ma maladie. Le singe fut mis à mort, et un ordre fut porté, faisant défense d'entretenir désormais aucun animal de cette espèce auprès du palais. La première fois que je me rendis auprès du roi, après le rétablissement de ma santé, pour le remercier de ses bontés il me fit l'honneur de railler beaucoup sur cette aventure; il me demanda quels étaient mes sentiments et mes réflexions, pendant que j'étais entre les pattes du singe; de quel goût étaient les viandes qu'il me donnait, et si l'air frais que j'avais respiré sur le toit n'avait pas aiguisé mon appétit. Il souhaita fort de savoir ce que j'aurais fait en une telle occasion dans mon pays. Je dis à Sa Majesté, qu'en Europe nous n'avions point de singes, excepté ceux qu'on apportait des pays étrangers, et qui étaient si petits, qu'ils n'étaient point à craindre; et qu'à l'égard de cet animal énorme à qui je venais d'avoir affaire (il était en vérité aussi gros qu'un éléphant) si la peur m'avait permis de penser aux moyens d'user de mon sabre (à ces mots, je pris un air fier, et mis la main sur la poignée de mon sabre) quand il a fourré sa patte dans ma chambre, peut-être je lui aurais fait une telle blessure, qu'il aurait été bien aise de la retirer plus promptement qu'il ne l'avait avancée. Je prononçai ces mots avec un accent ferme, comme une personne jalouse de son honneur. Cependant mon discours ne produisit rien qu'un éclat de rire, et tout le respect dû à Sa Majesté, de la part de ceux qui l'environnaient, ne put les retenir. Ce qui me fit réfléchir sur la sottise d'un homme qui tâche de se faire honneur à lui-même, en présence de ceux qui sont hors de tous les degrés d'égalité ou de comparaison avec lui. Et cependant ce qui m'arriva alors, je l'ai vu souvent arriver en Angleterre, où un petit homme de néant se vante, s'en fait accroire, tranche du petit seigneur, et ose prendre un air important avec les plus grands du royaume, parce qu'il a quelque talent.

Le singe me laissa tomber sur une gouttière.

Par malheur je sautai mal.

Je fournissais tous les jours à la Cour le sujet de quelque conte ridicule, et Glumdalclitch, quoiqu'elle m'aimât extrêmement, était assez méchante pour instruire la reine, quand je faisais quelque sottise qu'elle croyait pouvoir réjouir Sa Majesté. Par exemple, étant un jour descendu de carrosse à la promenade où j'étais avec Glumdalclitch, porté par elle dans ma boîte de voyage, je me mis à marcher : il y avait de la bouse de vache dans un sentier; je voulus, pour faire parade de mon agilité, faire l'essai de sauter par-dessus; mais, par malheur, je sautai mal, et tombai au beau milieu, en sorte que j'eus de l'ordure jusqu'aux genoux. Je me tirai avec peine, et un des laquais me nettoya, comme il put, avec son mouchoir. La reine fut bientôt instruite de cette aventure impertinente, et les laquais la divulguèrent partout.

Le singe assis sur le faîte d'un bâtiment.

Le rasoir du barbier était deux fois plus long qu'une faux.

IV

Différentes inventions de l'Auteur pour plaire au Roi et à la Reine. Le Roi s'informe de l'état de l'Europe, dont l'Auteur lui donne la relation. Les observations du Roi sur cet article.

J'AVAIS coutume de me rendre au lever du roi, une ou deux fois la semaine, et je m'y étais trouvé souvent lorsqu'on le rasait; ce qui au commencement me faisait trembler, le rasoir du barbier étant près de deux fois plus long qu'une faux. Sa Majesté, selon l'usage du pays, n'était rasée que deux fois par semaine. Je demandai une fois au barbier quelques poils de Sa Majesté. Ma demande ayant été exaucée, je pris un petit morceau de bois, et y faisant plusieurs trous à une distance égale avec une aiguille, j'y attachai les poils si adroitement, que je m'en fis un peigne; ce qui me fut d'un grand secours, le mien étant rompu et devenu presque inutile, et aucun ouvrier dans le pays ne s'étant trouvé capable de m'en faire un autre.

Je me souviens d'un amusement que je me procurai vers le même temps.

Je priai une des femmes de chambre de la reine de recueillir les cheveux fins qui tombaient de la tête de Sa Majesté, quand on la peignait, et de me les donner. J'en amassai une quantité considérable, et alors prenant conseil de l'ébéniste qui avait reçu ordre de faire tous les petits ouvrages que je lui commanderais, je lui donnai des instructions pour me faire deux fauteuils de la grandeur de ceux qui se trouvaient dans ma boîte, et de les percer de plusieurs petits trous avec une alène fine. Quand les pieds, les bras, les barres et les dossiers des fauteuils furent prêts, je composai le fond avec les cheveux de la reine, que je passai dans les trous, et j'en fis des fauteuils semblables aux fauteuils de canne, dont nous nous servons en Angleterre. J'eus l'honneur d'en faire présent à la reine, qui les mit dans une armoire, comme une curiosité.

J'eus l'honneur d'en faire présent à la Reine.

Elle voulut un jour me faire asseoir dans un de ces fauteuils ; mais je m'en excusai, protestant que je n'étais pas assez téméraire et assez insolent pour me servir de ces meubles garnis des respectables cheveux qui avaient autrefois orné la tête de Sa Majesté. Comme j'avais du génie pour la mécanique, je fis ensuite de ses cheveux une petite bourse très bien travaillée, longue environ de deux aunes, avec le nom de Sa Majesté tissé en lettres d'or, que je donnai à Glumdalclitch, du consentement de la reine.

Le roi, qui aimait fort la musique, avait très souvent des concerts, auxquels j'assistais, placé dans ma boîte. Mais le bruit était si grand, que je ne pouvais guère distinguer les accords. Je m'assure que tous les tambours et trompettes d'une armée royale, battant et sonnant à la fois tout près des oreilles n'auraient pu égaler ce bruit. Ma coutume était de faire placer ma boîte loin de

Le Roi avait très souvent des concerts.

l'endroit où étaient les acteurs du concert, de fermer les portes et les fenêtres de ma boîte, et de tirer les rideaux de mes fenêtres; et, avec ces précautions je ne trouvais pas leur musique désagréable.

J'avais appris, pendant ma jeunesse, à jouer du clavecin. Glumdalclitch en avait un dans sa chambre, où un maître se rendait deux fois la semaine pour lui montrer. La fantaisie me prit un jour, de régaler le roi et la reine d'un air anglais sur cet instrument. Mais cela me parut extrêmement difficile. Car le clavecin était long de près de soixante pieds, et les touches larges environ d'un pied; de telle sorte qu'avec mes deux bras bien étendus, je ne pouvais atteindre plus de cinq touches; et de plus pour tirer un son, il me fallait toucher à grands coups de poing : voici le moyen dont je m'avisai. J'accommodai deux bâtons environ de la grosseur d'un tricot ordinaire, et je couvris le bout de ces bâtons de peau de souris, pour ménager les touches et le son de l'instrument; je fis placer un banc vis-à-vis, sur lequel je montai et alors js me mis à courir avec toute la vitesse et toute l'agilité imaginables sur cette espèce d'échafaud, frappant çà et là le clavier avec mes deux bâtons de toute ma force, en sorte que je vins à bout de jouer une gigue anglaise, à la grande satisfaction de Leurs Majestés. Mais il faut avouer que je ne fis jamais d'exercice plus violent et plus pénible.

Le roi qui, comme je l'ai dit, était un prince plein d'esprit, ordonnait souvent de m'apporter dans ma boîte et de me mettre sur la table de son cabinet. Alors il me commandait de tirer une de mes chaises hors de la boîte, et de m'asseoir, de sorte que je fusse au niveau de son visage. De cette manière j'eus plusieurs conférences avec lui. Un jour je pris la liberté de dire à Sa Majesté, que le mépris qu'elle avait conçu pour l'Europe et pour le reste du monde ne me semblait pas répondre aux excellentes qualités d'esprit dont elle est ornée; que la raison est indépendante de la grandeur du corps; qu'au contraire nous avions observé dans notre pays, que les personnes de haute taille n'étaient pas ordinairement les plus ingénieuses; que, parmi les animaux, les abeilles et les fourmis avaient la réputation d'avoir le plus d'industrie, d'artifice et de sagacité; et enfin que, quelque peu de cas qu'il fît de ma figure, j'espérais néanmoins pouvoir rendre de grands services à Sa Majesté. Le roi m'écouta avec attention, commença à me regarder d'un autre œil, et à ne plus mesurer mon esprit par ma taille.

Il m'ordonna alors de lui faire une relation exacte du gouvernement d'Angleterre ; parce que, quelque prévenus que les princes soient ordinairement en faveur de leurs maximes et de leurs usages, il serait bien aise de savoir s'il y avait en mon pays de quoi imiter. Imaginez-vous, mon cher lecteur, combien je désirai alors d'avoir le génie et la langue de Démosthène et de Cicéron pour être capable de peindre dignement l'Angleterre, ma patrie, et d'en tracer une idée sublime.

Je commençai par dire à Sa Majesté que nos États étaient composés de deux îles, qui formaient trois puissants royaumes sous un seul souverain, sans compter nos colonies en Amérique. Je m'étendis fort sur la fertilité de notre terrain et sur la température de

Je frappais le clavier avec mes deux bâtons.

notre climat. Je découvris ensuite la constitution du parlement anglais composé en partie d'un corps illustre appelé la Chambre des pairs, personnages du sang le plus noble, anciens possesseurs et seigneurs des plus belles terres du royaume. Je représentai l'extrême soin qu'on prenait de leur éducation par rapport aux sciences et aux armes, pour les rendre capables d'être conseillers-nés du roi et du royaume, d'avoir part dans l'administration du gouvernement, d'être membres de la plus haute Cour de justice, dont il n'y avait point d'appel, et d'être les défenseurs zélés de leur prince et de leur patrie, par leur valeur, leur conduite et leur fidélité.

J'ajoutai que l'autre partie du parlement était une assemblée respectable, nommée la Chambre des communes, composée de nobles, choisis librement, et députés du peuple même, seulement à cause de leurs lumières, de leurs talents, et de leur amour pour la patrie, afin de représenter la sagesse de toute la nation. Je dis que ces deux corps formaient la plus auguste assemblée de l'univers, qui, de concert avec le prince, disposait de tout, et réglait en quelque sorte la destinée de tous les peuples de l'Europe.

Ensuite je descendis aux Cours de justice où étaient assis les vénérables interprètes de la loi, qui décidaient sur les différentes contestations des particuliers, qui punissaient les crimes et protégeaient l'innocence. Je ne manquai pas de parler de la sage et économique administration de nos finances et de m'étendre sur la valeur et les exploits de nos guerriers de terre et de mer. Je supputai le nombre du peuple, en comptant combien il y avait de millions d'hommes des différentes religions et des différents partis politiques parmi nous. Je n'omis ni nos jeux ni nos spectacles, ni aucune autre particularité que je crusse pouvoir faire honneur à mon pays, et je finis par un petit récit historique des dernières révolutions d'Angleterre, depuis environ cent ans.

Cette conversation dura cinq audiences, dont chacune fut de plusieurs heures et le roi écouta le tout avec une grande attention, écrivant l'extrait de presque tout ce que je disais et marquant en même temps les questions qu'il avait dessein de me faire.

Le Roi l'écouta avec attention.

Quand j'eus achevé mes longs discours, Sa Majesté, dans une sixième audience, examinant ses extraits, me proposa plusieurs doutes et de fortes objections sur chaque article. Elle me demanda d'abord quels étaient les moyens ordinaires de cultiver l'esprit de notre jeune noblesse; quelles mesures l'on prenait, quand une maison noble venait à s'éteindre, ce qui devait arriver de temps en temps; quelles qualités étaient nécessaires à ceux qui devaient être créés nouveaux pairs; si le caprice du prince, une somme d'argent donnée à propos à une dame de la Cour et à un favori, ou le dessein de fortifier un parti opposé au bien public, n'étaient jamais les motifs de ces promotions.

Gulliver à la cour de Brobdignac.

Il voulut savoir comment on s'y prenait pour l'élection de l'assemblée que j'avais appelé les Communes ; si un inconnu, avec une bourse bien remplie d'or, ne pouvait pas quelquefois gagner le suffrage des électeurs, se faire préférer à leur propre seigneur ou aux plus considérables et aux plus distingués de la noblesse dans le voisinage. Pourquoi on avait une si violente passion d'être élu pour l'assemblée du parlement, puisque cette élection était l'occasion d'une très grande dépense et ne rendait rien ; qu'il fallait donc que ces élus fussent des hommes d'un désintéressement parfait et d'une vertu éminente et héroïque ; ou bien qu'ils comptassent être indemnisés et remboursés avec usure par le prince et par les ministres en leur sacrifiant le bien public. Sa Majesté me proposa sur cet article des difficultés insurmontables que la prudence ne me permet pas de répéter.

Sur ce que je lui avais dit de nos Cours de justice, Sa Majesté voulut être éclairée touchant plusieurs articles. J'étais assez en état de la satisfaire, ayant été autrefois presque ruiné par un long procès à la Chancellerie, qui fut néanmoins jugé en ma faveur et que je gagnai même avec les dépens. Il me demanda combien de temps on employait ordinairement à mettre une affaire en état d'être jugée ; s'il en coûtait beaucoup pour plaider ; si les avocats avaient la liberté de défendre des causes évidemment injustes ; si l'on n'avait jamais remarqué que l'esprit de parti eût fait pencher la balance ; si ces avocats avaient quelque connaissance des premiers principes et des lois générales de l'équité, ou s'ils ne se contentaient pas de savoir les lois arbitraires et les coutumes locales du pays ; si eux et les juges avaient le droit d'interpréter à leur gré et de commenter les lois ; si les plaidoyers et les arrêts n'étaient pas quelquefois contraires les uns aux autres dans la même espèce.

Ensuite il s'attacha à me questionner sur l'administration des finances et me dit qu'il croyait que je m'étais mépris sur cet article, parce que je n'avais fait monter les impôts qu'à cinq ou six millions par an ; que cependant la dépense de l'État allait beaucoup plus loin et excédait beaucoup la recette.

Il ne pouvait, disait-il, concevoir comment un royaume osait dépenser au delà de son revenu et manger son bien, comme un particulier. Il me demanda quels étaient nos créanciers et où nous trouvions de quoi les payer ; si nous gardions à leur égard les lois de la nature, de la raison et de l'équité. Il était étonné du détail que je lui avais fait de nos guerres et des frais excessifs qu'elles exigeaient. Il fallait certainement, disait-il, que nous fussions un peuple bien inquiet et bien querelleur, ou que nous eussions de bien mauvais voisins. Qu'avez-vous à démêler, ajoutait-il, hors de vos îles? Devez-vous y avoir d'autres affaires que celles de votre commerce ? Devez-vous songer à faire des conquêtes et ne vous suffit-il pas de bien garder vos ports et vos côtes ? Ce qui l'étonna fort, ce fut d'apprendre que nous entretenions une armée dans le sein de la paix et au milieu d'un peuple libre. Il dit que si nous étions gouvernés de notre propre consentement, il ne pouvait s'imaginer de qui nous avions peur et contre qui nous avions à nous battre. Il demanda si la maison d'un particulier ne serait pas mieux défendue par lui-même, par ses enfants et par ses domestiques que par une troupe de fripons et de coquins tirés par hasard de la lie du peuple, avec un salaire bien petit, et qui pourraient gagner cent fois plus en nous coupant la gorge.

Il remarqua qu'entre les amusements de notre noblesse, j'avais fait mention du jeu. Il voulut savoir à quel âge ce divertissement était ordinairement pratiqué et quand on le quittait : combien de temps on y consacrait et s'il n'altérait pas quelquefois la fortune des particuliers et ne leur faisait pas commettre des actions basses et indignes. Si des hommes vils et corrompus ne pouvaient pas quelquefois, par leur adresse dans ce métier, acquérir de grandes richesses, tenir nos pairs mêmes dans une espèce de dépendance, les accoutumer à voir mauvaise compagnie, les détourner entièrement de la culture de leur esprit et du soin de leurs affaires domestiques et les forcer, par les pertes qu'ils pouvaient faire, d'apprendre peut-être à se servir de cette même adresse infâme qui les avait ruinés.

Vos compatriotes sont la plus pernicieuse race d'insectes.

Il était extrêmement étonné du récit que je lui avais fait de notre histoire du dernier siècle; ce n'était, selon lui, qu'un enchaînement horrible de conjurations, de rébellions, de meurtres, de massacres, de révolutions, d'exils et de toutes les catastrophes que l'avarice, l'esprit de faction, l'hypocrisie, la perfidie, la cruauté, la rage, la folie, la haine, l'envie et l'ambition pouvaient produire.

Sa Majesté, dans une autre audience, prit la peine de récapituler la substance de tout ce que j'avais dit, compara les questions qu'elle m'avait faites avec les réponses que j'avais données; puis, me prenant dans ses mains et me flattant doucement, s'exprima dans ces mots que je n'oublierai jamais, non plus que la manière dont il les prononça : « Mon petit ami Grildrig, vous avez fait un panégyrique très extraordinaire de votre pays; vous avez fort bien prouvé que l'ignorance, la paresse et le vice peuvent être quelquefois les seules qualités d'un homme d'État; que les lois sont éclaircies, interprétées et appliquées le mieux du monde par des gens dont les intérêts et la capacité les portent à les corrompre, à les brouiller et à les éluder. Je remarque parmi vous une constitution de gouvernement qui, dans son origine, a peut-être été supportable, mais que le vice a tout à fait défigurée. Il ne me paraît pas même, par tout ce que vous m'avez dit, qu'une seule vertu soit requise pour parvenir à aucun rang ou à aucune charge parmi vous. Je vois que les hommes n'y sont point annoblis par leur vertu; que les prêtres n'y sont point avancés par leur piété ou leur science, les soldats par leur conduite ou leur valeur, les juges par leur intégrité, les sénateurs par l'amour de leur patrie, ni les hommes d'État par leur sagesse. Pour vous (continua le roi) qui avez passé la plupart de votre vie dans les voyages, je veux croire que vous n'êtes pas infecté des vices de votre pays; mais par tout ce que vous m'avez raconté d'abord, et par les réponses que je vous ai obligé de faire à mes objections, je juge que la plupart de vos compatriotes sont la plus pernicieuse race d'insectes à qui la nature ait jamais permis de ramper sur la surface de la terre. »

V

Le Roi et la Reine font un voyage vers la frontière, où l'Auteur les suit. Détails de la manière dont il sort de ce pays, pour retourner en Angleterre. Réflexions finales.

Je demandai la liberté de prendre l'air de la mer.

J'avais toujours dans l'esprit que je retrouverais un jour ma liberté, quoique je ne pusse deviner par quel moyen, ni former aucun projet avec la moindre apparence de réussir. Le vaisseau qui m'avait porté et qui avait échoué sur ces côtes était le premier vaisseau européen qu'on eût su en avoir approché, et le roi avait donné des ordres très précis que, si jamais il arrivait qu'un autre parût, il fût tiré à terre, mais avec tout l'équipage et les passagers sur un tombereau, et apporté à Lorbrulgrud.

Il était très désireux de me trouver une femme de ma taille avec laquelle je pusse fonder une famille. Mais je crois que j'aurais mieux aimé mourir que d'avoir de malheureux enfants, destinés à être mis en cage, ainsi que des serins de Canarie, et à être ensuite vendus dans tout le royaume aux gens de qualité, comme de petits animaux curieux. J'étais à la vérité traité avec beaucoup de bonté : j'étais le favori du roi et de la reine, et les délices de toute la Cour. Mais c'était un état qui ne convenait pas à ma nature humaine. Je ne pouvais d'ailleurs oublier ces précieux gages que j'avais laissés chez moi. Je souhaitais fort de me trouver parmi des peuples, avec lesquels je me pusse entretenir d'égal à égal, et d'avoir la liberté de me promener par les rues et par les champs, sans craindre d'être foulé aux pieds, d'être écrasé comme une grenouille, et d'être le jouet d'un jeune chien. Mais ma délivrance arriva plus tôt que je ne m'y attendais et d'une manière très extraordinaire, ainsi que je vais le raconter fidèlement, dans toutes les circonstances de cet admirable événement.

Il y avait deux ans que j'étais dans ce pays. Au commencement de la troisième année, Glumdalclitch et moi étions à la suite du roi et de la reine, dans un voyage qu'ils faisaient vers la côte méridionale du royaume. J'étais porté à mon ordinaire dans ma boîte de voyage, qui était un cabinet très commode, large de douze pieds. On avait, par mon ordre, attaché un brancard avec des cordons de soie aux quatre coins du haut de la boîte, afin que je sentisse moins les secousses du cheval sur lequel un domestique me portait devant lui. J'avais ordonné au menuisier de faire au toit de ma boîte une ouverture d'un pied en carré, pour laisse entrer l'air, en sorte que quand je voudrais, on pût l'ouvrir et la fermer avec une planche.

Sans craindre d'être foulé aux pieds.

Quand nous fûmes arrivés au terme de notre voyage, le roi jugea à propos de passer quelques jours à une maison de plaisance qu'il avait proche de Flanflasnic, ville située à dix-huit milles anglais du bord de mer. Glumdalclitch et moi étions bien fatigués : j'étais, moi, un peu enrhumé, mais la pauvre fille se portait si mal, qu'elle était obligée de se tenir toujours dans sa chambre. J'eus envie de voir l'océan. Je fis semblant d'être plus malade que je ne l'étais et je demandais la liberté de prendre l'air de la mer, avec un page qui me plaisait beaucoup, et à qui j'avais été confié quelquefois. Je n'oublierai

J'étais porté dans ma boîte de voyage.

jamais avec quelle répugnance Glumdalclitch consentit, ni l'ordre sévère qu'elle donna au page d'avoir soin de moi, ni les larmes qu'elle répandit, comme si elle eût eu quelques présages de ce qu'il me devait arriver. Le page me porta donc dans ma boîte, et me mena environ à une demi-lieue du palais vers les rochers, sur le rivage de la mer. Je lui dis alors de me mettre à terre, et levant le châssis d'une de mes fenêtres, je me mis à regarder la mer d'un œil triste. Je dis ensuite au page que j'avais envie de dormir un peu dans mon brancard, et que cela me soulagerait. Le page ferma bien la fenêtre, de peur que je n'eusse froid ; je m'endormis bientôt. Tout ce que je puis conjecturer est que, pendant que je dormais, ce page croyant qu'il n'y avait rien à appréhender, grimpa sur les rochers pour chercher des œufs d'oiseaux, l'ayant vu auparavant de ma fenêtre en chercher et en ramasser. Quoi qu'il en soit, je me trouvai soudainement éveillé par une secousse violente donnée à ma boîte que je sentis tirée en haut, et ensuite portée en avant avec une vitesse prodigieuse. La première secousse m'avait presque jeté hors de mon brancard, mais ensuite le mouvement fut assez doux. Je criai de toute ma force, mais inutilement. Je regardai à travers ma fenêtre, et je ne vis que des nuages. J'entendais un bruit horrible au-dessus de ma tête, ressemblant à celui d'un battement d'ailes. Alors je commençai à connaître le dangereux état où je me trouvais, et à soupçonner qu'une aigle avait pris le cordon de ma boîte dans son bec, dans le dessein de la laisser tomber sur quelque rocher, comme une tortue dans son écaille, et puis d'en tirer mon corps pour le dévorer.

Le page me porta sur le rivage.

Car la sagacité et l'odorat de cet oiseau le mettent en état de découvrir sa proie à une grande distance, quoique cachée encore mieux que je pouvais être, sous des planches qui n'étaient épaisses que de deux pouces.

Au bout de quelque temps, je remarquai que le bruit et le battement d'ailes s'augmentaient beaucoup, et que ma boîte était agitée çà et là, comme une enseigne de boutique par un grand vent. J'entendis plusieurs coups violents qu'on donnait à l'aigle, et puis, tout à coup, je me sentis tomber perpendiculairement pendant plus d'une minute, mais avec une vitesse incroyable. Ma chute fut terminée par une secousse terrible qui retentit plus haut à mes oreilles que notre cataracte du Niagara, après quoi je fus dans les ténèbres pendant une autre minute, et alors ma boîte commença à s'élever de manière, que je pus voir le jour par le haut de ma fenêtre.

Je connus alors que j'étais tombé dans la mer, et que ma boîte flottait. Je crus, et je le crois encore, que l'aigle qui emportait ma boîte avait été poursuivie de deux ou trois autres aigles, et contrainte de me laisser tomber pendant qu'elle se défendait contre les autres, qui lui disputaient sa proie. Les plaques de fer attachées au bas de la boîte conservèrent l'équilibre et l'empêchèrent d'être brisée et fracassée en tombant.

Oh ! que je souhaitai alors d'être secouru par ma chère Glumdalclitch, dont cet accident subit m'avait tant éloigné. Je puis dire en vérité, qu'au milieu de mes malheurs, je plaignais et regrettais ma chère petite maîtresse ; que je pensais au chagrin qu'elle aurait de ma perte, et au déplaisir de la reine. Je suis sûr qu'il y a très peu de voyageurs qui se soient trouvés dans une situation aussi triste que celle où je me trouvai alors, attendant à tout moment de voir ma boîte brisée, ou au moins renversée par le premier coup de vent, et submergée par les vagues. Un carreau de vitre cassé, c'était fait de moi. Il n'y avait rien qui pût jusqu'alors conserver ma fenêtre, que des fils de fer assez forts, dont elle était munie par dehors contre les accidents qui peuvent arriver en voyageant. Je vis l'eau entrer dans ma boîte par quelques petites fentes, que je tâchai de boucher le mieux que je pus. Hélas !

La première secousse m'avait jeté hors de mon brancard.

je n'avais pas la force de lever le toit de ma boîte, ce que j'aurais fait si

L'aigle qui emportait ma boîte.

j'avais pu, et me serais tenu assis dessus, plutôt que de rester enfermé dans une espèce de fond de cale.

Dans cette déplorable situation j'entendis ou je crus entendre quelque sorte de bruit à côté de ma boîte, et, bientôt après je commençai à m'imaginer qu'elle était tirée, et en quelque façon remorquée ; car de temps en temps je sentais une sorte d'effort qui faisait monter les ondes jusqu'au haut de mes fenêtres, me laissant presque dans l'obscurité. Je conçus alors quelques faibles espérances de secours, quoique je ne pusse me figurer d'où

Un carreau de vitre cassé, c'était fait de moi.

il me pourrait venir. Je montai sur mes chaises et approchai ma tête d'une petite fente qui était au toit de ma boîte ; et alors je me mis à crier de toutes mes forces, et à demander du secours, dans toutes les langues que je savais. Ensuite j'attachai mon mouchoir à un bâton que j'avais, et le haussant par l'ouverture, je l'agitai plusieurs fois dans l'air, afin que si quelque barque ou vaisseau était proche, les matelots pussent conjecturer qu'il y avait un malheureux mortel renfermé dans cette boîte.

Je ne m'aperçus point que tout cela eût rien produit : mais je connus évidemment que ma boîte était tirée en avant : au bout d'une heure je sentis qu'elle heurtait quelque chose de très dur. Je craignis d'abord que ce ne fût un rocher, et j'en fus très alarmé. J'entendis alors distinctement du bruit sur le toit de ma

J'attachai mon mouchoir à un bâton.

boîte, comme celui d'un câble. Ensuite je me trouvai haussé peu à peu, au moins trois pieds plus haut que je n'étais auparavant ; sur quoi je levai encore mon bâton et mon mouchoir, criant au secours, jusqu'à m'enrouer. Pour réponse, j'entendis de grandes acclamations répétées trois fois, qui me donnèrent des transports de joie qui ne peuvent être conçus que par ceux qui les sentent. En même temps j'entendis marcher sur le toit, et quelqu'un appelant par l'ouverture et criant en anglais : « Y a-t-il quelqu'un. » Je répondis : « Hélas, oui ! je suis un pauvre Anglais réduit par la fortune à la plus grande calamité qu'aucune créature ait jamais soufferte ; au nom de Dieu, délivrez-moi de ce cachot. » La voix me répondit : « Rassurez-vous, vous n'avez rien à craindre, votre boîte est attachée au vaisseau, et le charpentier va venir pour faire un trou dans le toit et vous tirer dehors. » Je répondis que cela n'était pas nécessaire et demanderait trop de temps ; qu'il suffisait que quelqu'un de l'équipage mît son doigt dans le cordon, afin d'emporter la boîte hors de la mer dans le vaisseau, et après dans la chambre du capitaine. Quelques-uns d'entre eux m'entendant parler ainsi pensèrent que j'étais un pauvre insensé ; d'autres en rirent. Je ne pensais pas que j'étais alors parmi des hommes de ma taille et de ma force. Le charpentier vint, et dans peu de minutes fit un trou au haut de ma boîte, large de trois pieds, et me présenta une petite échelle, sur laquelle je montai : j'entrai dans le vaisseau en état très faible.

Les matelots furent tous étonnés et me firent mille questions, auxquelles je n'eus pas le courage de répondre. Je m'imaginais voir autant de pygmées, mes yeux étant accoutumés aux objets monstrueux que je venais de quitter. Mais le capitaine, Thomas Wiletcks, homme de probité et de mérite, remarquant que j'étais prêt de tomber en faiblesse me fit entrer dans sa chambre, me donna un cordial pour me soulager, et me fit coucher dans son lit, me conseillant de prendre un peu de repos dont j'avais assez besoin. Avant que je m'endormisse, je lui fis entendre que j'avais des meubles précieux dans ma boîte, un brancard superbe, un lit de campagne, deux chaises, une table et une armoire ; que ma chambre était tapissée, ou pour mieux dire matelassée d'étoffes de soie et de coton. Que s'il voulait ordonner à quelqu'un de son équipage d'apporter ma chambre dans sa chambre, je l'y ouvrirais en sa présence et lui montrerais mes meubles. Le capitaine m'entendant dire ces absurdités, jugea que j'étais fou ; cependant, pour me complaire, il promit d'ordonner ce que je souhaitais, et montant sur le tillac, il envoya quelques-uns de ses gens visiter la caisse.

Je dormis pendant quelques heures, mais continuellement troublé par l'idée du pays que j'avais quitté, et du péril que j'avais couru. Cependant, quand je m'éveillai, je me trouvai assez bien remis. Il était huit heures du soir, et le capitaine donna ordre de me servir à souper incessamment, croyant que j'avais jeûné trop longtemps. Il me régala avec beaucoup d'honnêteté, remarquant néanmoins que j'avais des yeux égarés. Quand on nous eut laissés seuls, il me pria de lui faire le récit de mes voyages, et de lui apprendre par quel accident j'avais été abandonné au gré des flots dans cette grande caisse. Il me dit que, sur le midi, comme il regardait avec sa lunette, il l'avait découverte de fort loin, l'avait prise pour une petite barque, et qu'il l'avait voulu joindre, dans la vue d'acheter du biscuit, le sien commençant à manquer ; qu'en approchant il avait connu son erreur,

Je me trouvai haussé peu à peu.

et avait envoyé sa chaloupe pour découvrir ce que c'était ; que ses gens étaient revenus tout effrayés, jurant qu'ils avaient vu une maison flottante. Qu'il avait ri de leur sottise, et s'était lui-même mis dans la chaloupe, ordonnant à ses matelots de prendre avec eux un câble très fort. Que le temps étant calme, après avoir ramé autour de la grande caisse et en avoir plusieurs fois fait le tour, il avait observé ma fenêtre ; qu'alors il avait commandé à ses gens de ramer, et d'approcher de ce côté-là, et qu'attachant un câble à une des gâches de la fenêtre, il l'avait fait remorquer ; qu'on avait vu mon bâton et mon mouchoir hors de l'ouverture, et qu'on avait jugé qu'il fallait que quelques malheureux fussent renfermés dedans. Je lui demandai si lui ou son équipage n'avait point vu des oiseaux prodigieux dans l'air, dans le temps qu'il m'avait découvert. A quoi il répondit, que

Le charpentier fit un trou en haut de ma boîte.

parlant sur ce sujet avec les matelots, pendant que je dormais, un d'entre eux lui avait dit qu'il avait observé trois aigles volant vers le nord. Mais il n'avait point remarqué qu'elles fussent plus grosses qu'à l'ordinaire ; ce qu'il faut imputer, je crois, à la grande hauteur où elles se trouvaient ; et aussi ne put-il pas deviner pourquoi je faisais cette question. Ensuite je demandai au capitaine combien il croyait que nous fussions éloignés de terre ; il me répondit que, par le meilleur calcul qu'il eut pû faire, nous en étions éloignés de cent lieues. Je l'assurai qu'il s'était certainement trompé presque de moitié, parce que je n'avais pas, quitté le pays d'où je venais, plus de deux heures avant que je tombasse dans la mer, sur quoi il recommença à croire que mon cerveau était troublé, et me conseilla de me remettre au lit, dans une chambre qu'il avait fait préparer pour moi. Je l'assurai que j'étais bien rafraîchi de son bon repas, et de sa gracieuse compagnie, et que j'avais l'usage de mes sens et de ma raison aussi parfaitement que je l'avais jamais eu. Il prit alors son sérieux, et me pria de lui dire franchement si je n'étais pas troublé dans mon âme, et si je n'avais point la conscience bourrelée de quelque crime, pour lequel j'avais été puni par l'ordre de quelque prince, et exposé dans cette caisse, comme quelquefois les criminels en certains pays sont abandonnés à la merci des flots,

Le Capitaine.

dans un vaisseau sans voiles et sans vivres; que, quoiqu'il fût bien fâché d'avoir reçu un tel scélérat dans son vaisseau, cependant il me promettait sur sa parole d'honneur de me mettre à terre en sûreté au premier port où

Sur le midi comme il regardait dans sa lunette.

nous arriverions. Il ajouta que ses soupçons s'étaient beaucoup augmentés par quelques discours très absurdes que j'avais tenus d'abord aux matelots, et ensuite à lui-même, à l'égard de ma boîte et de ma chambre, aussi bien que mes yeux égarés et ma bizarre contenance.

Je le priai d'avoir la patience de m'entendre faire le récit de mon histoire; je le fis très fidèlement, depuis la dernière fois que j'avais quitté l'Angleterre, jusqu'au moment qu'il m'avait découvert. Et comme la vérité s'ouvre toujours un passage dans les esprits raisonnables, cet honnête et digne gentilhomme, qui avait un très bon sens, et n'était pas tout à fait dépourvu de lettres, fut satisfait de ma candeur et de ma sincérité. Mais d'ailleurs, pour confirmer tout ce que j'avais dit, je le priai de donner ordre de m'apporter mon armoire, dont j'avais la clef, je l'ouvris en sa présence, et lui fit voir toutes les choses curieuses travaillées dans le pays d'où j'avais été tiré d'une manière si étrange. Il y avait, entre autres choses, le peigne que j'avais formé des poils de la barbe du roi, et un autre de la même matière dont le dos était d'une rognure de l'ongle du pouce de Sa Majesté. Il y avait un paquet d'aiguilles et d'épingles longues d'un pied et demi. Une bague d'or, dont un jour la reine me fit présent d'une manière très obligeante, l'ôtant de son petit doigt et me la mettant au cou comme un collier. Je priai le capitaine de vouloir bien accepter cette bague en reconnaissance de ses honnêtetés, ce qu'il refusa absolument. Enfin je le priai de considérer la culotte que je portais alors, qui était faite de peau de souris.

Le capitaine fut très satisfait de tout ce que je lui racontai, et me dit qu'il espérait qu'à notre retour en Angleterre, je voudrais bien en écrire la relation et la donner au public. Je répondis que je croyais que nous avions déjà trop de livres de voyages; que mes aventures passeraient pour un vrai roman, et pour une fiction ridicule; que ma relation ne contiendrait que des descriptions de plantes et d'animaux extraordinaires, de lois, de mœurs, et d'usages bizarres; que ces descriptions étaient trop communes, et qu'on en était las; et que n'ayant rien autre chose à dire touchant mes voyages, ce n'était pas la peine de les écrire. Je le remerciai de l'opinion avantageuse qu'il avait de moi.

Il me parut étonné d'une chose qui fut de m'entendre parler si haut, me demandant si le roi et la reine de ce pays étaient sourds. Je lui dis que c'était une chose à laquelle j'étais accoutumé depuis plus de deux ans, et que j'admirais de mon côté sa voix et celle de ses gens, qui me semblaient toujours me parler tout bas et à l'oreille; mais que, malgré cela, je les pouvais entendre assez bien. Que quand je parlais dans ce pays, j'étais comme un homme qui parle dans la rue à un autre, qui est monté au haut d'un clocher excepté quand j'étais mis sur une table, ou tenu dans la main de quelque personne. Je lui dis que j'avais même remarqué une autre chose; c'est que d'abord que j'étais entré dans le vaisseau, lorsque les matelots se tenaient debout autour de moi, ils me paraissaient infiniment petits. Que pendant mon séjour dans ce pays, je ne pouvais plus me regarder dans un miroir, depuis que mes yeux s'étaient accoutumés à de grands objets, parce que la comparaison que je faisais me rendait méprisable à moi-même. Le capitaine me dit que, pendant que nous soupions, il avait aussi remarqué que je regardais toutes choses avec une espèce d'étonnement, et que je lui semblais quelquefois avoir de la peine à m'empêcher d'éclater de rire; qu'il ne savait pas fort bien alors comment il le devait prendre, mais qu'il l'attribuait à quelque dérangement dans ma cervelle. Je répondis que j'étais étonné comment j'avais été capable de me contenir, en voyant ses plats de la grosseur d'une pièce d'argent de trois sols, une éclanche de mouton, qui était à peine une bouchée, un gobelet moins grand qu'une écaille de noix, et je continuai ainsi faisant la description du reste de ses meubles et de ses viandes par comparaison. Car, quoique la reine m'eût donné pour mon usage tout ce qui m'était nécessaire dans une grandeur proportionnée à ma taille, cependant mes idées étaient occupées entièrement de ce que je voyais autour de moi, et je faisais comme tous les hommes qui considèrent sans cesse les autres, sans se considérer eux-mêmes, et sans jeter les yeux sur leur petitesse. Le capitaine faisant allusion au vieux proverbe anglais, me dit que mes yeux étaient donc plus grands que mon ventre, puisqu'il n'avait pas remarqué que j'eusse un grand appétit, quoique j'eusse jeûné toute la journée; et continuant à badiner, il ajouta qu'il aurait donné avec plaisir cent livres sterling, pour avoir le plaisir de voir ma caisse dans le bec de l'aigle, et ensuite tomber d'une si grande hauteur dans la mer, ce qui certainement aurait été un objet très étonnant, et digne d'être transmis aux siècles futurs.

Je priai le Capitaine de vouloir bien accepter cette bague.

Le capitaine, revenant du Tonkin, faisait la route vers l'Angleterre, et poussé vers le nord-est était à quarante degrés de latitude, et à cent quarante-trois de longitude. Mais un vent de saison s'élevant deux jours après que je fus à son bord, nous fûmes poussés au nord pendant un long temps, et côtoyant la Nouvelle-Hollande, nous fîmes route vers l'ouest-nord-ouest, et depuis au sud-sud-ouest, jusqu'à ce que nous eussions doublé le cap de Bonne-Espérance. Notre voyage fut très heureux, mais j'en épargnerai le journal ennuyeux au lecteur. Le capitaine mouilla à un ou deux ports, et y fit entrer sa chaloupe pour chercher des vivres et faire de l'eau; pour moi je ne sortis point du vaisseau, que nous ne fussions arrivés aux Dunes. Ce fut, je crois, le trois juin mil sept cent six, environ neuf mois après ma délivrance.

Nous fîmes route vers l'ouest-nord-ouest.

J'offris de laisser mes meubles pour la sûreté du paiement de mon passage; mais le capitaine protesta qu'il ne voulait rien recevoir. Nous nous dîmes adieu très affectueusement, et je lui fis promettre de me venir voir à Redriff. Je louai un cheval et un guide pour un écu que me prêta le capitaine.

Pendant le cours de ce voyage, remarquant la petitesse des maisons, des arbres, du bétail et du peuple, je pensai me croire encore à Lilliput. J'eus peur de fouler aux pieds les voyageurs que je rencontrai, et criai souvent pour les faire reculer du chemin; en sorte que je courus risque une ou deux fois d'avoir la tête cassée pour mon impertinence.

Quand je me rendis à ma maison, que j'eus de la peine à reconnaître, un de mes domestiques ouvrant la porte, je me baissai pour entrer, de crainte de me blesser la tête : cette porte me semblait un guichet. Ma femme accourut pour m'embrasser; mais je me courbai plus bas que mes genoux, songeant qu'elle ne pourrait autrement atteindre ma bouche. Ma fille se mit à mes genoux pour me demander ma bénédiction. Mais je ne pus la distinguer que lorsqu'elle fut levée, ayant été depuis si longtemps accoutumé à me tenir debout, avec ma tête et mes yeux levés en haut. Je regardai tous mes domestiques, et un ou deux amis qui se trouvèrent alors dans la maison, comme s'ils avaient été des pygmées et moi un géant. Je dis à ma femme qu'elle avait été trop frugale, car je trouvais qu'elle s'était réduite elle-même et sa fille presque à rien. En un mot, je me conduisis d'une manière si étrange, qu'ils furent tous de l'avis du capitaine, quand il me vit d'abord, et conclurent que j'avais perdu l'esprit. Je fais mention de ces minuties, pour faire connaître le grand pouvoir de l'habitude et du préjugé.

En peu de temps, je m'accoutumai à ma femme, à ma famille et à mes amis, mais ma femme protesta que je n'irais jamais plus sur mer.

Je vous ai donné, mon cher Lecteur, une histoire complète de mes voyages. Dans cette relation, j'ai moins cherché à être élégant et fleuri, qu'à être vrai et sincère. Peut-être que vous prenez pour des contes et des fables tout ce que je vous ai raconté, et que vous n'y trouvez pas la moindre vraisemblance; mais je ne me suis pas appliqué à chercher des tours séduisants pour farder mes récits et vous les rendre croyables. Si vous ne me croyez pas, prenez-vous-en à vous-même de votre incrédulité.

Il nous est aisé, à nous autres voyageurs, qui allons dans les pays où presque personne ne va, de faire des descriptions surprenantes de quadrupèdes, de serpents, d'oiseaux et de poissons extraordinaires et rares. Mais à quoi cela sert-il? Le principal but d'un voyageur qui publie la relation de ses voyages, ne doit-il pas être de rendre les hommes de son pays meilleurs et plus sages, et de leur proposer des exemples étrangers, soit en bien, soit en mal, pour les exciter à pratiquer la vertu et à fuir le vice ? C'est ce que je me suis proposé dans cet ouvrage, et je crois qu'on doit m'en savoir bon gré.

TABLE DES MATIÈRES

VOYAGE A LILLIPUT

VOYAGE A BROBDIGNAC

www.ingramcontent.com/pod-product-compliance
Ingram Content Group UK Ltd.
Pitfield, Milton Keynes, MK11 3LW, UK
UKHW021906260726
13966UKWH00006B/1038

9 782012 938953